はじめに

「アンパンマン、いってらっしゃい」。

これは、戦闘服姿で出勤する自衛官の父親をヒーローだと思っている三歳の息子が、毎朝父親を見送るときにかける言葉だそうです。ある朝、もっと遊んで欲しい彼は、「お仕事だから、またあとでな」と言って出かける父親に、「おとうさん、どこいくの？　お仕事なぁに？」と聞いそうです。坊やは、「おとうさんは、アンパンマンのように、お前やみんなを悪い奴から守り行くんだよ」という父親の説明を受けて納得し、それ以来、戦闘服姿の父は、坊やにとって〝アンパンマン〟になったようです。

国を守る自衛官が〝アンパンマン〟とは、どういうことでしょうか。

最新の世論調査によれば九十・八％が「自衛隊に良い印象を持っている」（政府広報室　令和五年三月）と回答しています。二〇一一（平成二十三）年三月に発生した東日本大震災での活躍以来、自衛隊は九割を超える国民から肯定的に受け止められています。これは、日本中の幼児たちに好かれているアンパンマンと同じくらいの評判と言っていいでしょう。

では、どれだけの国民が〝現実のアンパンマン〟である自衛官のことを知っているでしょうか。自衛官と、一般公務員や警察官、消防士とでは、どこが違うのかをどれだけ正しく認識できているでしょうか。

私自身の体験をご紹介します。二〇〇一（平成十三）年、防衛庁の某高官に「警察・消防・自衛隊は同じではありません」と申し上げたところ、「同じようなものじゃないか。何が違うのか？」と問われました。私は「宣誓が違います」と回答しました。

しばしば、総理大臣はじめ政治家たちが「事に臨んでは危険を顧みず、身をもって責務を遂行する崇高な使命の自衛隊」と形容するのを見聞きしますが、その言葉の本質をどれだけ理解しているのか、疑問に思わざるを得ません。

また現職時代、自衛官として勤務しながら気になっていたことがあります。それは、隊員たちが自分自身のことをどのようにご家族に説明しているのか、また守るべき国＝日本のことをどのような国と認識しているのか、ということでした。

この問いに対する答えとして、退官後、ある隊員の「自衛官はアンパンマンだ」との回答に接し、恥ずかしながらストンと腑に落ちました。

自衛官は様々な制約を受けるため、現職自衛官が本音でモノを言えないことも少なくありません。しかしながら、大切なことは、誰かがハッキリと言わなければなりません。そして、多くを経験した定年退官者だからこそ語れることがあります。私が自分自身の体験から得たことを、せめて後輩たちにだけはしっかり伝えることが、この老兵の役割であろうと思い、退官後、彼らの貴重な教育時間を割いていただき、ボランティア講話を重ねてきました。

＊

私は、現在の日本は、大東亜戦争敗戦後に占領軍が示した占領目的達成のための枠組の延長線上にあると考えています。未だに多くの国民は占領下に何が起きていたかを知らず、仮に知っていても日本人の特性からか、そのことに触れず語らずに受け入れてきました。

日本人は世界でも特異な存在です。例えばスポーツ観戦後の自発的なごみ拾いや、落とした財布が戻ってくることなど、無私の心で相手を思いやる行動がしばしば世界から賞賛されてきました。しかし一方で、実の親が幼子を虐待死させるなど、極端に自己中心的で、社会を顧みない事件も多発しています。なぜこのような極端に異なった行動が見られるようになったのでしょうか。その背景には何があるのでしょうか。

米国は占領統治に先立ち、日本の「精神的武装解除と教育改革」を発表しました。そして学校（義務）教育と国民（社会）教育における歴史教育の内容を規制しました。日本の歴史・伝統・文化や、そこからくる価値観の教育を排除させました。代わりに米国型民主主義を教えさせました。その影響を受けているのが現在の日本です。日本人の多くは、自国の成り立ちや、日本人と他の東アジア諸国の人々との行動様式、価値観の差がどこから来たのかを十分に語ることができていません。

私がある講話で問いかけたところ、自衛官を目指している〝Z世代〟の若者の多くは、七世紀に国土防衛の守りを固めた「防人（さきもり）」のことを知りませんでした。十三世紀に世界最強の蒙古・朝鮮軍を武士団が押し返さなかったら、今の日本はなかったでしょう。また、防人同様、明治以降の軍人たちは欧米列強の脅威から日本を守るために身を挺して戦いました。

国を守るという観点から見れば、防人→武士→軍人という流れを継承しているのが自衛隊です。こうした歴史に学び、先人たちがどのように国難に対処したかを正しく知ることにより、自身の足元を認識し、国を守る自衛官として何をなすべきかが理解できるようになります。

＊

ところで、自衛隊は国家機能として不可欠な存在でありながら、憲法に存在根拠を持っていません。時代の要請を受け、憲法との矛盾を抱えたままの状態で自衛隊は創設されましたが、これは近代法治国家としては考えられないことです。

前述の世論調査によれば、回答者の約八割は、自衛隊に対して「国の安全や国民の保護」を期待しています。これは普通の国では軍隊の役割です。自衛隊はひとたび国内を出て海外に赴けば、国際社会からは軍隊として認知されています。ここにも、憲法の文言と現実との乖離(かいり)が起きているのです。

我が国の平和と独立、国民の安心と安全を守り、日本社会の歪みを無くすためには、憲法改正が一つの手段でしょう。「自分の国は自ら守る」という当たり前のことを憲法に明記することにより、国民の主権者としての責任を学校で教えることができるようになります。

また、そのための手段として自衛隊を憲法上に位置付けることにより、これまで長きにわたり蔓延(はびこ)ってきた「自衛隊違憲論」は跡形もなく消えていくはずです。国民一人ひとりが自国を守るという意識を持ち、その総意のもとに自衛隊が国防の機能を担うという、民主主義国家として当たり前の形が実現します。

世界に目を転じれば、二〇二二(令和四)年二月二十四日、ロシアが核兵器の使用すらちらつかせながらウクライナに対して侵略戦争を開始しました。この二十一世紀に、前時代的な戦争が起きたことに、世界中の人々が驚きました。

　しかし、これはれっきとした目の前で起きている現実であり、日本にとって、遥かかなたのヨーロッパの出来事では済まされません。ロシアのプーチン大統領は西の国境で戦争を仕掛けましたが、東の隣国は日本だからです。また、ロシアを支持し、協力的な中国と北朝鮮を隣国に持つのが日本なのです。開戦から一年以上経た今なお、ウクライナでは、ゼレンスキー大統領はじめ国民が団結して軍事大国ロシアに抵抗しています。海外にいたウクライナ人男性の多くは、戦争開始を機に帰国して戦っています。なぜ、ウクライナ国防軍や国民はあれほどまでに戦うことができているのでしょうか。

　今こそ、国を守るためにはどうすべきなのかを考え、ウクライナから多くのことを学ぶ時だと思います。国防のあり方は、その国の置かれた条件によって異なります。世界一自由で、ある程度豊かで安全な日本が、どのような歴史をたどって現在に至ったのか。今を生きる国民の一人として、この国を子孫に残すために何をしなければならないかを考える時です。

　本書は、私が日頃後輩の陸上自衛官たちに語りかけてきたことを元に構成しています。是非、国民一人ひとりが国防を考える上での参考にしていただければと思います。もとより私は専門学者ではありませんので、多くは個人的解釈であることを承知いただきたいと思います。

　なお、文中における「隊員」とは、防衛省の職員全体のことであり、特に「自衛官」と記述した場合は、階級章をつけ武器を持つ隊員を示します。できるだけ区分して使い分けしましたが、一般的には隊員＝自衛官と捉えていただいて結構かと思います。

国の守りと自衛官の矜持（きょうじ）
――備えに隙はないか

目次

4 自衛隊の歩み

5 崇高な使命と隊員教育

1 国を守るとは

国防は真剣勝負

「訓練と実戦の違いはどこにあるか?」と聞かれたら、あなたは何と答えますか。あるいは「竹刀稽古と真剣勝負の違い」でも良いですが如何でしょうか。

そうです。両者の間にあるのは、生きるか死ぬかの違いであり、やり直しができるか、できないかという違いです。訓練や稽古は何度でも繰り返すことができます。しかし、実戦では一度犯した失敗は二度と取り返すことができません。戦いにおいては、一瞬の隙が命取りになるため、隙を見せないことが最も重要です。

私はこの隙を見せないことの重要性を、将棋の世界で活躍している藤井聡太棋士を例に説明しています。若い隊員も含めて、いまや、藤井六冠を知らない人はいないでしょう。彼がプロ棋士として四段でデビューした年齢は十四歳二か月で、最年少記録でした。その時に、羽生善治氏が「藤井君には隙がない」と評しました。それから数か月して、五段、六段と最短期間で昇段する日本記録を達成した時に、加藤一二三氏は「藤井君には弱点がない」と評しました。そしてさらに、十七歳十一か月の最年少記録で初タイトルの棋聖を勝ち取った時、谷川浩司氏は「藤井君には欠点がない」と評しました。注目すべきは、先輩棋士は誰一人として、「藤井は強い」とは言っていないということです。

歴戦の名人たちが一様に評価しているのは、藤井棋士の隙のない、弱点のない、欠点のない戦いぶりであり、これが結果として相手の次の一手を封じ、勝利をたぐり寄せているのです。戦いにおいては隙や弱点を見せれば負けです。

これはチームプレーのスポーツや、個人の格闘技においても同じです。ここで言う隙は、「構えに隙がある」「メンバーに弱い者がいる」などといった目に見えるものだけではありません。「団結が弱い」「士気が低い」「規律心がない」などといった目には見えない心の要素も隙となります。

国防も同じです。周辺国などに隙を見せた瞬間に攻め込まれ、平和が破られます。隙がなければ、戦端は開きません。ちなみに、ウクライナは隙を見せたことで、ロシアの侵攻を許しました。どういう隙かと言えば、まずウクライナは頼りになる同盟国を持っていませんでした。さらに、核の傘をかぶっていませんでした。それに付け込んだのがロシアだったわけです。ウクライナの平和はロシアによって一方的に破られました。

しかし、プーチン大統領は目に見えないウクライナ国民の強さを見誤っていたようです。

開戦日にゼレンスキー大統領は、自撮り映像をインターネットに流して国民に呼びかけ、国民は敢然と立ち上がりました。大統領と国民の間に隙はありませんでした。そして、国民の心に隙はなく、国民こぞって武器を手に取り、ドローンの操作技師が若い兵士たちを教育し、国防軍を支えています。国防軍と国民の間にも隙はありません。

また、ウクライナと西側自由主義国との間の隙は素早く閉じられ、絶大な支援を確保しています。直接参戦することができない友好国から、通信情報システムや各種装備品の提供を獲得し、あらゆる戦力を駆使してロシア軍を駆逐する努力をしています。

大統領は最前線で志願兵に語りかけました。「独立を守るために戦いに参加してくれてありがとう。平和を取り戻すぞ」と。大統領以下全国民が、ロシアの奴隷になるくらいなら死を選ぶという決意でロシアに立ち向かっているのです。独立を失うということは国家の滅亡、または奴隷になるということなのです。

そして、独立を守り平和を取り戻す戦いで、毎日のように、ウクライナ国民が傷つき兵士が亡くなっています。失われた命は決して戻りません。これが、国が生き残るための現実なのです。

今、戦っていますか？

自衛隊員に「自衛隊の任務は、自衛隊法（以下、法）三条で〈我が国の平和と独立を守り、国の安全を保つため、我が国を防衛すること〉と示されていますが、そのために自衛隊は、いま現在何をしていますか？　自衛隊は今、国を守るために戦っているのか、それとも戦っていないのか。どちらだと思いますか？」と質問し、棄権なしの択一で挙手をしてもらいます。

すると、幹部自衛官でも回答が二分します。これは、国防の現状認識が、隊員個人に委ねられているということです。戦っている派に「何故ですか？」と更問すると、「領土・領空・領海を二十四時間警戒監視しているから」などの答えが返ってきます。戦っていない派の言い分は、「撃ち合いがない」「戦争が起きていない」などです。このような漠然とした質問に、結論と理由を

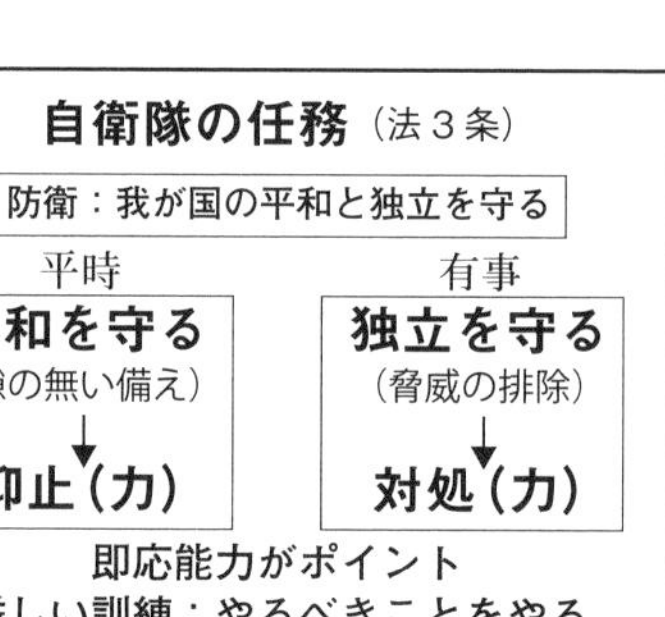

わかりやすく答えてくれる後輩には、安心感を覚えます。

実務としての「国を守るための戦い」は、引き金を引くことだけではありません。如何に相手に引き金を引かせないかということも戦いで、これは「平和を守る戦い」です。これが軍事用語でいう「抑止」、または「抑止力」です。ひとたび刀を抜かれたらお互いが傷つき、引き金を引かれたら国民は傷つき仲間は殺されます。

では、どういうときに刀を抜かれるか。一言で言えば、〝隙を見せた時〟です。隙を見せないことが抑止の要諦です。言い換えれば、隙がないことを相手に見せつけ、認識させることにより抑止が成り立ちます。

だからこそ自衛隊は、毎日、警戒監視を続け、厳しい訓練を重ねて、「来たらタダでは済まないぞ」というシグナルを周辺国に送っているのです。以上の理由から、自衛隊は平和を守るために、弾を撃たせない戦いを毎日やっているのです。

ちなみに、引き金を引く戦いとは、平和を破られた後に、独立を守るために敵を撃破する「対処」です。抑止のための厳しい訓練成果を、実際に発揮するのが「対処行動」です。

このように国の防衛の目標は、平和と独立の二つを守ることであり、平和と独立を別のものとして謳っているのです。よって、自衛隊の任務の第一は、相手に戦争を起こさせないことです。戦争を起こされたら、任務は半分失敗なのです。

二〇二二（令和四）年、暴漢の凶弾に斃れた故安倍晋三元総理大臣（以下、安倍元総理）は、二〇一六（平成二十八）年の防衛大学校の卒業式で次のように訓示を述べられました。

「……幹部自衛官としての道を歩み出す諸君には、それぞれの『現場』において、隙のない備えに万全を期し、任務を全うしてほしいと思います」

さらに、二〇一七（平成二十九）年には「警戒監視や情報収集に当たる部隊……日々の艦艇や航空機の配置や動き、さらには、いかなる訓練をいかなる場所で行うか。様々な部隊をいかに配置するか。それらの全てが、我が国の確固たる意思を周辺国を始め世界に示すものであり、抑止力として大きな要素です」

令和２年防衛大学校の卒業式、任命・宣誓式で新任自衛官と握手する安倍元総理（写真提供／首相官邸 HP）

また、前陸上幕僚長吉田圭秀陸将は、「陸上自衛隊は、刀を抜かないために、真剣に刀を研ぐ抑止の要」と言っています。この言葉通り、自衛隊は「相手に実弾を撃たせないため、しっかり訓練して抑止態勢を維持するという、隙を見せない戦い」を毎日続けているのだと私は考えています。

厳しい訓練を重ねれば重ねるほど、対処力が向上します。対処力が向上すれば抑止力が上がります。対処力と抑止力は表裏一体の関係です。抑止効果を上げるためには、対処力を上げる。そのためには訓練を重ねるという関係になります。ここに、部隊で日々訓練をしている意義があります。訓練のできていない隊員や部隊は案山子（かかし）と同じで、抑止力にも対処力にもなりません。

話は変わりますが、東日本大震災の時、日本の対応は世界中で報道されました。発災から三週間後の二〇一一（平成二十三）年四月一日には、インターネット上で中国の中華網（チャイナネット）が、震災対応時の自衛隊の評価点を発表しました。自衛隊の総合点数は八十点でした。日頃の自治体との連携など準備が九十点、非通常戦対応（原発事故への対処）が五十点とあり、さらには「各駐屯地の入口には、二段に車止めがあり、完全武装の兵士が警備している。自衛隊員は草刈りをするときも鉄帽をかぶっている。武器は整頓され、いつでも戦えるようになっている。非通常戦対応で、大規模で予想外の作戦を実行する能力に欠ける」と評価しています。

国防の中核となる自衛隊に隙がないかどうか、駐屯地の日常まで見られているのです。私も部隊を訪問した時には、警衛隊の勤務、外柵周辺やトイレの清掃具合を見て、その駐屯地の状況を推察しています。特に、表門で見張りに当たる歩哨（ほしょう）の姿は部隊の精強性の指標だと思っています。

また、新型コロナウイルスが世界的に流行し始めた二〇二〇（令和二）年四月、米海軍の原子力空母「セオドア・ルーズベルト」内で乗員が集団感染してグアムに引き上げました。アジア太平洋地域に展開する原子力空母が不在となった途端、何が起こったでしょうか。中国海軍の空母「遼寧」が、沖縄南方の太平洋上に進出しました。

こうしたせめぎ合いこそ、平時における戦いなのです。一方が、隙を見せた瞬間に入り込まれます。ですから、私は後輩たちに、教育終了後に部隊に戻ったら、ぜひ後輩や部下隊員にこう伝えて欲しいと訴えています。

「いいか。俺たちは引き金を引かせない戦いを毎日やっているんだぞ。夜ベッドに横になると、消灯ラッパが鳴る。その時、よし、今日も一日平和を守る戦いに勝った。どこの部隊も一発も弾を撃たなかったぞ。そう思って眠りなさい。そして、朝の起床ラッパで起きたら、今日も隙を見せないぞ、やるべきことをやるぞと決意を固めなさい」

そうやって隊員に、一日一日の服務や勤務の目標（意義）と達成感を与えることが、隊員一人ひとりの「自分こそが、この瞬間もこの国を守っているのだ」という自己肯定感を育み、抑止力の強化につながるのです。

日本がウクライナの二の舞にならないために、自衛隊は第一の目標である平和を守るため、毎日、いささかの隙もないことを見せつける静かな戦いをしているのです。繰り返しになりますが、引き金を引かれた時点で自衛隊の任務は半分失敗です。多くの国民が傷つき、仲間は殺されるわけですから。

国民の皆さんには、自衛官は二十四時間、三百六十五日戦っているということを知ってほしいのです。そして、着任直後の最前線視察中に受難した第八師団長たちのように、この戦いで斃れた二千余柱の尊い犠牲（戦死）を礎に、今の平和があることを知ってほしいのです。

守るべき国のルーツ

「自衛隊の任務は我が国の防衛ですが、そもそも我が国＝日本とは？　日本人とは？　と聞かれて何と答えますか？　自分の言葉で説明できますか？」

この質問に対して、多くの後輩たちは「わかり切ったことを、何でいまさら聞くのか」というような視線とともに戸惑いの表情を浮かべます。私は、数名を指名して回答を求めますが、仲間たちが思わず頷くような回答をする隊員はまれです。日頃意識していないことに対する突然の質問ですから、当然でしょう。

しかし、これではいけません。自分たちが守っている対象を客観的に説明できないということは、逆に言えば、具体的に何を守ろうとしているかという意識がぼやけているということだからです。国を守る当事者として、自分たちのアイデンティティを鮮明に認識することが、使命感を確立するために必要だと思います。

現在、私は「日本人とは何か」ということについて、自衛隊員の募集パンフレットを用いて言及しています。隊員の志願要件には「日本国籍を有するもの」との記載があります。そこで私は、日本人とは、「日本国籍を有し、なおかつ程度の差はあれ、日本の歴史・伝統・文化、そして、それらを背景とする慣習や価値観を受け入れている者」と説明します。これは、国際政治学者の高坂正堯氏が言われた「安全保障は決して人生とか財産とか領土といったものに還元されはしない。日本人を日本人たらしめ、日本を日本たらしめている諸制度、諸慣習、そして常識の体系を守ることが安全保障の目的なのである」とも共通することと思います。

ここで私の苦い思い出を紹介します。私は、約三十年前に一年間ほど、米国のほぼ真ん中の田舎町にある、米陸軍大学で学びました。当時、居酒屋で地元の人と話して感じたのは、大平原で暮らす米国人にとっての「日本」は、国名は知っていても、中国や台湾、韓国との具体的な分別すらつかない、アジア大陸東端の小さな国に過ぎないということです。

米国留学で着校直後の著者と緊張した面持ちの家族たち（平成３年）

では、私たち日本人自身は、他の東アジアの国々の人たちと日本人の違い、そして、それぞれの持つ価値観の違いを説明できているのでしょうか。陸軍大学には約一〇〇か国の留学軍人がいて、それぞれの国を紹介するプレゼンテーションをしました。日本を紹介する私の番が回ってきた時に、何を説明すれば、世界の人が日本を理解してくれるか大変戸惑いました。国防に任ずる将校が、自国の歴史を語れない恥ずかしさで一杯でした。

私たちが守るべき日本とは、どういう国なのか。我が国と、韓国、北朝鮮、台湾、中国はどこが違うのか、ということです。同じように、髪の毛は黒く、米を食べ、歴史において漢字文化を経験しました。にもかかわらず、なぜこれほどまでに国民性が違うのでしょうか。

もし、これを説明しようとすれば、日本の歴史を遡って見ていかなければなりません。

ご承知の通り、この日本列島に人類が住むようになったのは、四万年ほど前の旧石器時代と言われています。その頃は、日本列島と大陸は氷で繋がっていました。その後、氷が解けたことで島国になりました。旧石器時代と縄文時代の区分は土器の使用からとされています。

日本最古の土器は、青森県大平山元遺跡から一九九八（平成十）年に発見された約一万六千五百年前のものとされています。これは、世界で人類が土器を使い始めた最初の頃と言われています。縄文文化は日本列島全域に広がり、一万数千年続きました。縄文時代の歴史的位置づけは、近年の二十数年で大きく変わりました。一九九二（平成四）年青森県三内丸山遺跡から縄文の社会を推測できる約五千九百年〜四千二百年前の大規模なムラの跡（二〇〇〇年特別史跡指定）が発見されたのです。それまで、縄文時代とは旧石器時代の延長で文化らしきものはないとされ、一九四七（昭和二十二）年に発掘された静岡県登呂遺跡や、一九八六（昭和六十一）年に発掘された約二千二百年前の佐賀県吉野ヶ里遺跡（一九九一年特別史跡指定）をモデルにした弥生文化が日本の文化の発生と言われていました。それが覆（くつがえ）り、日本の文化の始まりは三千五百年以上前に遡ったのです。

縄文遺跡からは大規模な戦いの痕跡は見つかっていません。島国になってからは、他民族が入ってくることはなかったため、当然ながら他民族との争いも起きなかったのでしょう。

推測するに、縄文の人々は自然と共生し、自然を支配する神々を畏れ、受け入れました。自然の猛威を神々の怒りとし、ムラを挙げてひたすらお鎮まり下さいと祈願したのではないでしょうか。台風、地震、津波、火山噴火、厳しい寒さ……、これら自然の脅威から如何に生き延びるかというのが、我々の先祖の戦いだったであろうと思われます。お墓の状況からは、身分差はあっても、階級社会ではなかったと推定されています。また、人間の墓の側に犬の墓がきちんとあり、犬も家族のように大事にしていたことが窺えます。

人々は、ムラの平穏のために和を尊び、波風立たせず、眼でものを言い、腹を読み、周囲に合わせることによって争いを避け、ムラの危機に際しては団結し、自己犠牲心をもって助け合い、譲り合い、守り合ったのではないでしょうか。原始共同社会です。

大規模な戦いの痕跡が出てくるようになるのが弥生時代からです。先に述べた吉野ヶ里遺跡では、縄文遺跡にはない集落跡が残されています。ムラの周囲には外部からの攻撃に備えた構築物があり、埋葬施設には身分差が推定され、遺骨には闘争痕が残っています。

日本の生活様式は、長い縄文時代を基礎にして、そこに新たな文化を吸収し発展させたと言われています。弥生時代は、縄文文化の上に渡来文化の技術が乗っています。古墳時代には中国から漢字が入ってきます。その後、漢字を取り入れ日本語を表現しましたが、言葉そのものを変えたわけではありません。同じように漢字を使っていても、日本語と中国語とでは文法が全く違うことからも、日本の文化が独自のものであると言えるでしょう。文化は言語によって継承されるのです。

また、米国の政治学者ハンチントンも『文明の衝突』で、世界には八つの文明があり、日本文明は二世紀から五世紀に中華文明から分離した日本一国のみで成立する「孤立文明」と定義しています。これは弥生時代末期から古墳時代に相当し、大和朝廷（天皇家の祖先）が支配を確立して国家を形成した頃でしょう。

一般論として、今でも日本人は自己主張が不得手で、消極受動的、他律的で依存心が強く、自ら決断を避ける傾向があるように思います。そのルーツを遡れば、一万数千年前の縄文時代に行き着くのではないかと思います。このような太古からのＤＮＡを受け継いで、現在の日本があります。極めて保守的で内向的な穏やかな共同体社会です。しかし、このような特性は、戦いにおいては「隙」となります。

2 先人の守り

古代――防人の守り

「防人（さきもり）とは何ですか？」と聞かれて、「古代の日本を守った武人」と答えられる方はどれだけいるでしょうか。

二〇二二（令和四）年六月、いわゆる〝Z世代〟の新入隊員に、「防人から継承した国の守り」と題して話す機会がありました。念のために「防人とは何か知らない人は挙手」と聞いたところ、六割近くが知りませんでした。

日本が初めて国土防衛戦を準備したのは七世紀です。六六三年に朝鮮半島の百済を救援するため半島に出陣した日本軍は、白村江で唐・新羅連合軍に大敗しました。大和朝廷は、唐帝国が朝鮮半島を制圧した次に攻め込むのは日本であろうと危機感を募らせ、全力で防衛戦の準備をしました。対馬・九州北部から都に至る瀬戸内海沿いの侵攻に備えて、城砦や防塁を築き、通信連絡のための烽火台を配置し、都を難波（大阪）から内陸の近江京（滋賀）に移しました。

現在の長崎県対馬市美津島町黒瀬の金田城址

この時、第一線部隊として、三年交代で壱岐・対馬や九州北部沿岸の守りに就いた兵士が「防人」です。八世紀の史料では、一度に二千名以上の防人が関東や東海の東国から派遣されていたことが確認されています。ちなみに、国号「日本」は、七〇一年の大宝律令で制定される前から使用されており、百済人武将の墓誌（六七八年建立）に「日本」の文字が存在するという論文が二〇一一年に中国で発表されています。

防人は、初めてオールジャパンで海外からの侵攻に備えた国境守備隊であり、現代にも通じる国防の芽生えともいえるものでしょう。上の写真は、対馬にある防人が配置についたといわれる城跡です。当時は日本と中国や朝鮮半島との間で人の交流がありましたので、日本のこうした防備強化の情報は唐皇帝に届いていたでしょう。このように守りを固め、隙のない備えに万全を期しました。結果として、唐の支配欲を朝鮮半島までで思い止まらせたのです。

白村江の敗戦は、古代日本に衝撃を与えました。しかし、大和朝廷はピンチをチャンスとして、勝者である唐の律令制度を積極的に導入して、「日本」という中央集権体制国家の確立を促進したのです。

ところで、「令和」の元号は、日本最古の歌集である『万葉集』から採られています。万葉集の編纂関係者として大伴家持がいます。家持は防人を管理する高官でもあり、万葉集に防人やその家族の歌九十八首を採り入れています。「海行かば　水漬く屍　山行かば　草生す屍　大君の　辺にこそ死なめ　かへり見はせじ」という家持の歌には、高位の武人としての気概が感じられます。

しかし、防人は東国からの動員兵であり、勇ましい歌もありますが、その多くは赴任の意気込みよりも、家族と別れて海路陸路を経て九州に向かう別離の辛さ、悲しさが詠まれています。無事、故郷に帰還した喜びの歌が一首もないのが、防人の任務の厳しさを伝えているように思えます。

「今日よりは　顧みなくて　大君の　醜の御楯と　出で立つ我は」

（もう今日からは後を振り返らずに、天皇の守りとなるために旅立つぞ）

「唐衣　裾に取りつき　泣く子らを　置きてそ来ぬや　母なしにして」

（母親のいない幼子たちが、衣服の裾に取り付いて泣くのを、置いて来た）

「我が妹子が　偲ひにせよと　着けし紐　糸になるとも　我は解かじとよ」

（妻が、思い出すようにと着けた紐、たとえ糸になっても決して解くまい）

家族や故郷に思いを馳せつつ、辺境の地で国防に命を懸けた防人たちが、中国・朝鮮の脅威から古代日本の平和を守りきったのです。

中世――武士の守り

鎌倉時代中期（十三世紀）、蒙古（後の元）は東欧から朝鮮半島まで、ユーラシア大陸のほぼ全域を支配し、残る日本を服従させようとしました。元皇帝は、自ら先陣となることを申し出た朝鮮半島の属国、高麗（こうらい）を手先として、数度にわたり使節団を日本に派遣し、外交交渉と恫喝で屈服させようとしました。しかし、日本の断固とした拒否を受け、二回の軍事侵攻でいずれも敗退し、三度目を計画するも元帝国の内紛から最終的には断念しました。

元が、執念深く日本を征服しようとしたのは、元皇帝に仕えた高麗人の進言と高麗王の唆（そそのか）しが発端で、マルコ・ポーロの『東方見聞録』に描かれた「黄金で溢れている日本の富」を獲得するためともされています。

元皇帝が最初に日本に宛てた国書「大蒙古国皇帝奉書」に書かれていたのは、「小国は、天下を支配する大国に従うものだ。高麗はすぐに挨拶に来て臣下になったが、日本は、未だに挨拶がない。日本は挨拶を知らないと見えるので、使節を送って教えよう。できれば、軍事力は用いたくない」でした。まさに、中国大陸を支配する帝国の戦狼（せんろう）外交です。

鎌倉幕府は、元が親睦と言いながら武力侵攻を狙っていると判断し、脅しに屈することなく全国の武士団を動員して防衛態勢を整え、迎え撃ちました。この動員は、白村江の敗退後の、唐・

矢・槍・てつはうの飛び交う中、馬を射られながら蒙古軍に突撃する竹崎季長（写真右）と、応戦・逃亡する蒙古兵（『蒙古襲来絵詞』）

高句麗軍侵攻に備えた防人の規模を超えるものです。

元寇の様相は、日本側の史料以上に、中国や朝鮮の史料に残されており、侵攻軍の編成をはじめ戦闘状況や武士団の精強さ、大和撫子の気丈さ、日本刀の高い評価等が詳細に記録されています。

一度目（文永の役）の侵攻は、一二七四（文永十一）年十月五日、元・高麗軍約四万人、軍船九百艘で、まず対馬を襲いました。対馬守備隊宗一族八十余騎は、降伏することなく元軍と戦い全滅しました。この方々は、戦場の近くの神社に祀られています。島民は、殺されるか奴隷として朝鮮に拉致されました。記録に残る元・高麗軍の残虐さは読むに堪えないものばかりです。対馬・壱岐を全滅させた元・高麗軍は、十月二十日博多湾に上陸しましたが、武士団の強力な反撃で大損害を受け、夕方には船に退却し、矢が尽きたとして作戦を中止し二十日深夜に撤退します。

二度目（弘安の役）は、一二八一（弘安四）年五月二十一日、約五十五万七千人、軍船四千四百艘が、やはり対馬から襲撃開始し、九州に侵攻しましたが、多大の損耗を出して八月に退却しました。

こうして武士団は、史上初の国土防衛戦に勝利しました。もしこの時、戦わずして元帝国に臣従するか、敗退して独立を失っていたら、今の日本は存在しなかったでしょう。具体的には、現代日本人男子の持つ遺伝子が大きく変わっていたでしょう。分子人類学の研究では、今の日本人男性の三十五％以上が日本列島固有のY染色体遺伝子を持ち、周辺諸民族にはほとんどありません。つまり、縄文時代以来の遺伝子をそのまま受け継いでいるということです。もし、この戦いで負けていたら、その遺伝子はかなり潰されていたはずです。

欧州には、蒙古が支配した痕跡が残っています。今ある日本を思う時、命を懸けて世界最強の元・高麗軍を撃退した武士団を始めとする先人に、改めて感謝せずにはいられません。

世界で唯一、蒙古の侵略を退けた日本の独立自存の姿勢は、江戸末期に来航した欧米への対応にも通じるものがあります。

近代 ——軍人の守り

(1) 独立自存の「五十年戦争」

三回目の日本の歴史的な大危機は、江戸末期から強まった欧米の軍事力を背景とした、植民地化の脅威でした。当時のアジアは欧米の植民地であり、独立国はシャム（タイ王国）と日本のみで、清帝国（中国）は列強の侵食状態でした。

日本はまず、明治維新で国家の体制を変え、独立自存のために軍隊を創設しました。建軍からわずか四半世紀ほどを経た一八九四（明治二十七）年開戦の日清戦争を初めとし、日露戦争、第一次世界大戦、シベリア出兵、満州事変、支那事変、一九四五（昭和二十）年終戦の大東亜戦争まで、五十二年間、延べ二十五年、七度にわたり外国と戦火を交えました。その間に失われた兵士等の命は約二四六万六千名にものぼり、この御霊は靖國神社に祀られています。

私は、この一連の戦争を「独立自存の五十年戦争」と呼んでいます。それは、程度の差こそあれ、外国の脅威から平和と独立を守るという戦争目的が同じだからです。特に大東亜戦争は、占領軍総司令官解任後のマッカーサー自身が、一九五一（昭和二十六）年五月三日、米国議会で「彼らが戦争に飛び込んでいった動機は、大部分が安全保障の必要に迫られてのことだった」と証言しています。しかし、戦争目的が独立自存であっても、結果として五十年以上続く戦争の火種となったことは、歴史の示すところです。ここで、それぞれの戦争の概略をおさらいしてみます。

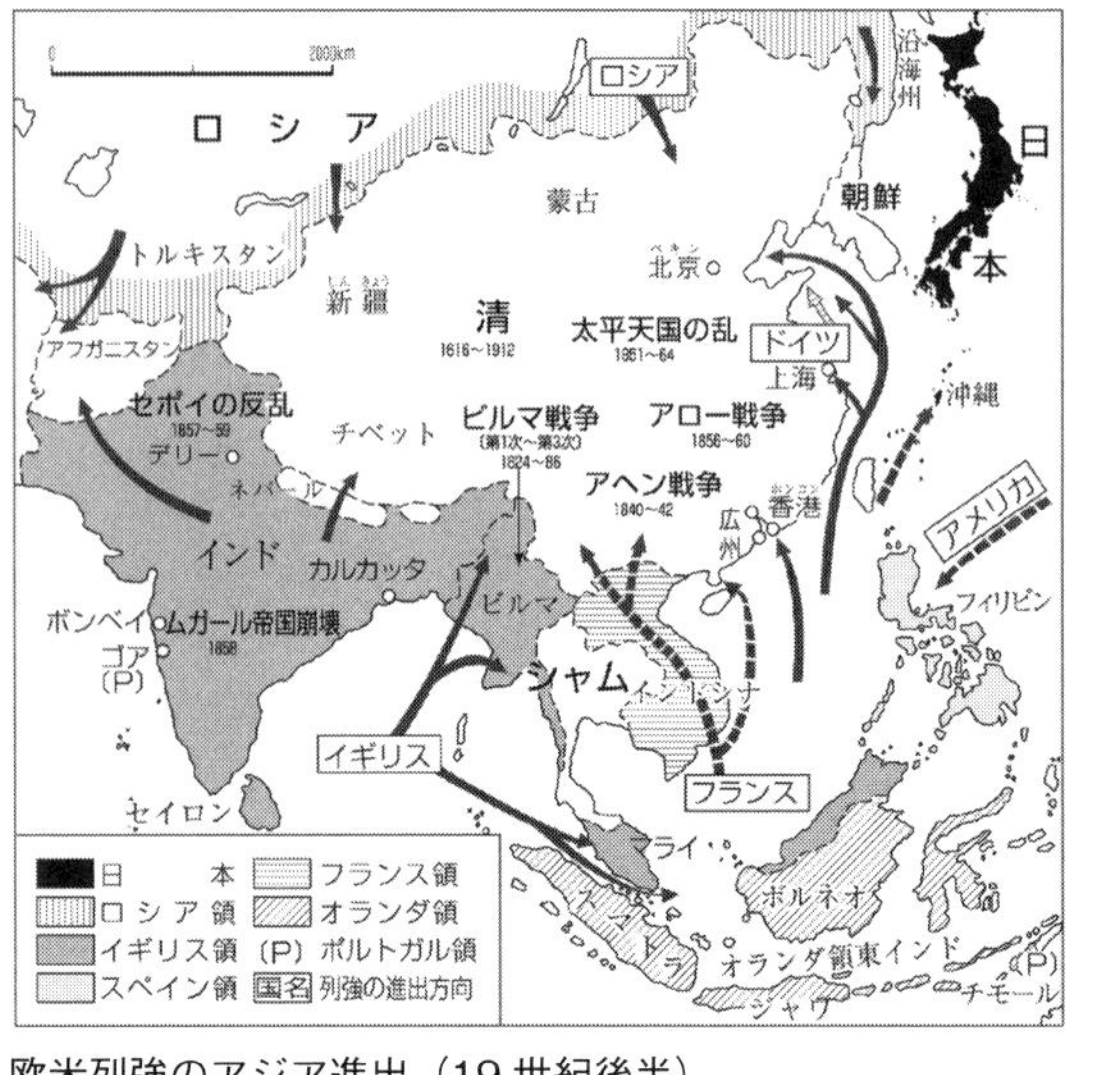

欧米列強のアジア進出（19世紀後半）

日清戦争（一八九四～一八九五）では、朝鮮半島から清の脅威を排除しました。しかし、台湾割譲等の領土拡大や賠償金獲得の体験は、日本が帝国主義国家へと進む一歩となりました。また、列強の干渉を招き、後の戦争の遠因となりました。

日露戦争（一九〇四～一九〇五）では、満州・朝鮮からロシアの脅威を一掃しました。そのことが逆に、中国大陸進出を窺っていた米国に警戒感を抱かせました。米国は一九〇六年から対日戦争計画「オレンジ計画」を準備し、これが三十六年後の太平洋戦争へとつながります。

第一次世界大戦（一九一四～一九一八）では、日英同盟のもとで戦勝国となりました。日本は、太平洋地域のドイツ植民地等を獲得した結果、欧米諸国と肩を並べられるという自負による背伸び外交が始まります。

シベリア出兵（一九一八～一九二二）では、共産主義革命の波及阻止を掲げました。しかし、シベリアや満州に対する領土的野心として米国などの猜疑心（さいぎしん）を招き、結果的に対日感情を悪化させました。

満州事変（一九三一～一九三二）では、国際社会から孤立して、国際連盟から脱退し、支那事変・対米英戦争への道に歩み始めました。

支那事変（一九三七～一九四一）では、中国や米英の戦略で泥沼にはまり、対米英戦争が回避不能となりました。

最終的に大東亜戦争（一九四一～一九四五、米国では太平洋戦争と呼称）では、アジア植民地の独立と共存共栄を大義名分としましたが、敗戦に至り、遂に自国の独立を失いました（支那事変は、一九四一年の対米英宣戦布告に際し大東亜戦争に含まれ、法的には大東亜戦争〈一九三七～一九四五〉の前半です）。

独立自存の約半世紀にわたる戦いでしたが、遂に欧米に屈服しました。では、日本は植民地になったのでしょうか。戦いを通じて失ったもの、守れたものは何だったのでしょうか。

（2）守るべき日本とは

第二次世界大戦は、一九三九（昭和十四）年九月一日のドイツによるポーランド侵攻を始まりとし、日本の一九四五（昭和二十）年九月二日の降伏文書調印で終結しました。八月十四日に発布された終戦の詔書で、全軍一斉に戦闘を停止した時、海軍は壊滅状態でした。一方、陸軍は武器・弾薬の不足はあるものの、国内外にまだ四百万人以上の軍隊を保持していました。

アジアや太平洋戦線で、日本軍と戦った将兵、なかでも米軍は、死をも恐れない日本兵の戦いぶり、特に、特攻隊の体当たり攻撃には恐怖心すら感じていました。それを踏まえて米国は、日本本土の上陸作戦に百万人の部隊投入を計画し、約二十五％の死傷者（沖縄戦の実績三十五％）を見積もっていました。

子犬を抱いた少年兵
（万世特攻平和祈念館蔵）

戦争中、特攻隊員として、約六千人の若者が出撃しました。そのうちの約三千人が沖縄に向かいました。上の写真は、鹿児島の万世特攻基地から出撃する二時間前の特攻隊員です。当日の出撃は中止となり、翌日に出撃し散華されました。写真中央の方は十七歳です。この方々は戦争に負けることがわかっていても飛び立ちました。何故、出撃したのでしょうか。

戦争末期には米軍の連日の無差別爆撃で、ほとんどの都市が焼き尽くされ、三月十日の東京大空襲では、一夜にして約十万人が亡くなりました。また、原爆攻撃により広島では約十四万人、長崎では約七万四千人の生命が一瞬にして失われました。

「このままでは、国民は皆殺しになる。この戦争を一日でも早く終わらせ、家族を守り、この国を残さなければならない。そのためには、まず、米軍の侵攻、特に戦艦、空母を止めなければならない。誰かがやらなければならない。やれるのは俺たちだ」――。その一心だったのではないかと思います。

では、彼らが命に代えても守りたい、残さなければならないと思った日本とは、どういう国だったのでしょうか。

日本は明治以降、義務教育を始めました。教育で重視したのは読み書き算盤以上に、日本の歴史・伝統・文化からくる国のあり方と国民の資質です。それを外国と比較して教えることで、日本人としての誇りを啓発したのです。具体的には、教育勅語にあるように、「祖先を敬い親孝行しなさい」「夫婦は仲良く暮らしなさい」「兄弟は助け合いなさい」「友達は信頼しなさい」「国難には立ち上がりなさい」ということです。こうした考え方の根底には、世のため人のために尽くし、自分の所属する集団のために自分が何をするのかという倫理観がありました。これは元を辿れば縄文時代から続く日本人の価値観（自分の所属する共同体のために何をやるのか）であり、特攻隊員が守りたかったのは、これに依って立つ国を守ることでした。

（3）大東亜戦争と植民地の独立

日本は、独立自存を確立するため大東亜戦争を宣し、最終的に全世界を相手に孤軍奮闘したものの、力及ばず独立を失いました。しかし、結果として、白人を中心とした欧米列強が支配した植民地主義体制や人種差別主義を解消させる幕を開けました。特に、東南アジアでは、絶対に立ち向かえないと思っていた白人に、日本人が対等に立ち向かい、一時的とはいえ欧米を支配地域から追い出しました。

こうした日本の戦いぶりに勇気づけられたアジアの人々は民族独立に目覚めました。そして、一九四五年のインドネシア、ベトナムをはじめとして、フィリピン（一九四六年）、インド（一九四七年）、ミャンマー（一九四八年）、スリランカ（一九四八年）、ラオス（一九五三年）、カンボジア（一九五三年）、マレーシア（一九五七年）が、宗主国であるオランダ、フランス、アメリカ、イギリスから独立しました。その後、その流れはアフリカにも拡がりました。

このことを交戦国側からとらえたものの一例を紹介します。一九九一（平成三）年にオランダを訪問した日本の傷痍軍人代表団に対する、アムステルダム市長（後の内務大臣）エドゥアルト・ヴァン・ティン氏の歓迎挨拶（抜粋）といわれるものです。

《……あなた方日本は「アジア各地で侵略戦争を起こして申し訳ない」「諸民族に大変迷惑をかけた」と自分をさげすみ、ペコペコ謝罪していますが、これは間違いです。あなた方こそ自らの血を流して東亜民族を解放し、救い出す、人類最高の良いことをしたのです。なぜならあなたの国の人々は、過去の歴史の真実を目隠しされてあるいは洗脳されて、「悪いことをした」と自分で悪者になっているが、ここで歴史をふり返って真相を見つめる必要があるでしょう》

《……植民地や属領にされて、長い間奴隷的に酷使されていた東亜諸民族を解放し、共に繁栄しようと、遠大崇高な理想を掲げて、大東亜共栄圏という旗印で立ちあがったのが、貴国日本だったはずでしょう。本当に悪いのは侵略して、権力をふるっていた西洋人の方です。日本は敗戦したが、その東亜の解放は実現しました。すなわち日本軍は戦勝国のすべてを東亜から追放しました。その結果、アジア諸民族はおのおの独立を達成しました。日本の功績は偉大です。血を流して闘ったあなた方こそ、最高の功労者です。自分をさげすむのをやめて、堂々と胸を張って、その誇りを取り戻すべきです》（二〇一六年二月二十三日「産経WEST」）

3　米軍占領下の日本の対応

米国の思惑と完全非武装化

（1）ポツダム宣言と日本の受諾

ポツダム宣言は一九四五（昭和二十）年七月二十六日に米国・英国・中華民国（現台湾）が合同で日本に突きつけた降伏勧告です。主要な内容は、①軍国主義の排除　②軍隊の完全武装解除

③海外領土の放棄 ④民主主義の確立 などで、それらの目標が達成され、⑤（米国が望むような）平和的な政府が樹立されるまで ⑥軍事占領と国家主権の制限を継続する、というものです。

宣言文は、米国が日米開戦の翌年から開始した「日本戦後処理案」の研究を基本としたものと言われ、アジアの植民地から追い出された英国や、日清戦争で領土を失い、さらに国土の大半を占領されている中華民国の要求までもが盛り込まれています。

降伏条件の中でも、特に「軍隊の完全武装解除」は、明治以来「富国強兵」を合言葉に近代国家を実現してきた歩みの全てを否定・破壊することと同義でした。第二次世界大戦が始まった当時の世界は、帝国主義、植民地主義、白人優位主義の人種差別が支配していました。そのため戦いに敗れ降伏することは、「国家の消滅」「被保護国・属国化」「植民地化」等、国家の存亡を意味しました。

日本は、海軍を撃滅されてからは、戦争終結の道を模索していました。その際に、譲ることのできない死守条件は、天皇を中心とする統治体制、すなわち「国体の護持」でした。天皇を失うことは日本国家の消滅を意味するからです。日本は、降伏勧告を一度拒否したものの、無差別爆撃に加えて原爆投下、ソ連の日ソ中立条約の一方的破棄に続く対日参戦（八月八日）と追い詰められた結果、民族の滅亡を回避するため、「堪え難きを堪え、忍び難きを忍び」宣言を受諾しました。

受諾に先立ち、宣言の内容確認として、「天皇の国家統治の大権を変更するとの要求は包含していないとの了解の下に受諾する」とし、天皇陛下の地位の安泰を打診しました。これに対する米国の「天皇及び政府の統治権は、占領軍最高司令官の制限下に置かれる」との回答を得て、天皇及び国家主権は廃止されないと解釈して受諾決定に至りました。軍隊は、いつの日か再建すればよいとの判断です。

日本は九月二日、東京湾に浮かぶ米戦艦ミズーリ上で、降伏文書に調印しました。

米国は当初、翌日の三日に占領軍司令官布告を発令して、日本の司法・立法・行政機能を停止して直接軍政に移行し、公用語を英語とし、占領地米軍通貨（軍票）を発行する計画で、既に軍票の印刷も終えていました。そのことを、連合軍総司令部（ＧＨＱ）から二日夕刻に事前通知を受けた日本政府は「ポツダム宣言に反する」として、強硬な申し入れを行いました。日本の主張は、ポツダム宣言受諾から、停戦、武装解除、占領軍受入と整斉と対応できているのは、天皇陛下に対する国民や軍の心服の証左であり、天皇大権の機能停止は混乱を招き、政府として責任を負えないという、半ば脅かしにも近いものでした。

ＧＨＱは、天皇の威信を貶めれば、一億国民が特攻隊となり壮絶な抵抗を招き、百万の軍隊をもってしても収拾できないと判断して、急遽、天皇を利用する間接統治に変更しました。むしろ、日本国史上初の敗戦という国難に際し、秩序を維持して整斉と対応している天皇の権威を利用することで、当面の日本を抑え込むことは容易になると判断したのです。

この背景には、太平洋戦線で死闘を交えた日本軍の精強さ、特に爆弾もろとも米軍に襲いかかった特攻隊の姿がありました。特攻攻撃の美化賛同はできませんが、戦後明らかになった米側史料からも、天皇を中心とした統治体制（国体）を守るため、愛国心をもって戦場に散った特攻隊員の死は決して無駄ではなかったと思います。今を生きる者として、先人たちの覚悟と勇気に敬意と感謝の念を禁じ得ません。

このような未曾有の苦難の中、昭和天皇は、「朝鮮半島に於ける敗戦（六六三年の白村江の戦い）の後、国内体制整備のため、天智天皇は大化の改新を断行され、その際思い切った唐制の採用があった。これを範として今後大いに努力してもらいたし」と語られ、勝者である米国の様々な制度の導入に言及されています。

(2) 精神的武装解除と教育改革

日本軍との激戦を経験した米国は、日本の強さは国民の伝統的精神（いわば強力な共同体意識）にあると見抜き、その戦争遂行能力を排除するため、価値体系に係る国民意識を改造することを大きな目標としました。そして、日本が降伏した九月二日、米国国務長官は「日本の精神的武装解除と教育改革」を発表しました。

「日本の物的武装解除は目下進捗中であり……日本の戦争能力を完全に撃滅することが出来る。……第二段階の日本国民の精神的武装解除は、ある点で物的武装解除より一層困難である。……日本の学校における極端な国家主義および全体主義的教育を一掃すると共に……極端な日本国民の国家主義および全体主義的教育を完全に掃討する……」

この国務長官声明を具体化したのが「降伏後における米国の初期の対日方針」（一九四五・九・六）と言えます。この対日方針を実行するのが、マッカーサー司令官の任務です。占領目的は、日本が二度と米国の脅威にならないような国家に改造することです。その内容は、①国内の戦争遂行

能力を完全排除　②国のために尽くすという国家主義を完全排除するため教育を変え、米国型民主主義を教える　③この占領目的を支持する日本政府が樹立するまで軍事占領を継続する、というものです。

すなわち、政治・経済・教育・文化・宗教などあらゆる分野での非軍事化・（米国の言う）民主化を推進して、軍国主義者の権力と軍国主義の影響力を国民生活から一掃し、日本人を再教育して、価値尺度の徹底的な組み換えを図るという構想です。ちなみに、マッカーサーは、前述の米国議会で「アングロ・サクソンが、……近代文明の尺度で計ると四十五歳であるのに対し、日本人は歴史の長さにも拘らず、十二歳の子どものようなものだ」「勉強中は誰でもそうだが……、新しい考え方に順応性を示すし、また、我々がどうにでも好きなように教育ができるのだ」と証言しています。

ＧＨＱは、占領政策の開始に当たり、まず報道統制をかけて、ラジオ放送や新聞の事前検閲を行い、原爆投下や無差別爆撃、占領軍兵士の犯罪などの不都合な報道を一切禁止し、米国流民主主義こそが優れているのだと宣伝しました。さらには、国民を軍国主義の被害者、日本軍を悪者と仕立て、一体となって戦った軍民の離反を図りました。情報を統制操作することにより、占領地域の住民の動向を誘導する心理戦です。特に、マッカーサーが天皇陛下と並んだ写真を新聞に掲載させたことは、強烈な衝撃を国民に与えました。直立する天皇陛下に対して向かって左に後ろ手で立つ占領軍司令官の構図は、マッカーサーが天皇陛下より上位であることを印象づけ、神々の偉大な力にひれ伏すという太古からの、日本人の伝統的精神構造を逆用したとも言えます。

占領下でのマッカーサーは、天皇や政府を従属させる絶対最高の権力者であり、その命令や指示は、日本政府を通じて天皇陛下や政府の命令（ポツダム勅令、政令、省令）として国民に周知されます。このやり方は、あたかも日本人が、自ら国を変えているように思わせる国家改造でした。占領軍は新たに「平和に対する罪」「人道に対する罪」を作りあげて極東軍事裁判を開きました。軍部指導者を軍人としての銃殺刑ではなく、犯罪者として絞首刑にすることにより、軍の威信を貶(おとし)め、軍国主義を封殺し、反軍思想を喚起させました。また、それまでの、あらゆる社会的指導者は公職から追放されました。

　国民教育の根幹であった、修身（道徳）・国史（日本史）・地理（世界史）の教育は停止し、教科書を処分させました。明治以来、国民意識の基本としていた公のために尽くすという教育理念を全否定し、個人の権利主張を指導させました。

　なぜ、米国はここまで徹底して日本を変えようとしたのでしょうか。米国は、日清戦争の戦利品をいわゆる「三国干渉」により横取りされた日本が、「臥薪嘗胆(がしんしょうたん)」の末に日露戦争でロシアを撃ち負かしたことの再現を警戒したのです。将来、日本が軍事占領の恥辱をそそぐという執念で、米国に復讐するのではないかと。それを封じるには、物理的な軍事力排除のみならず、伝統的共同体意識からくる〝狂信的な〟愛国心を消滅させることが必要と考えました。いわば、牙を抜き、爪を剥ぐだけではなく、その魂も奪うということです。

　その結果が今の日本です。太古からの共同体を主体とする価値社会に、個人の権利を主体とする契約的価値観を持ち込んだ歪みが顕在化しているのではないでしょうか。個人の権利主張が極端になり、家族をはじめとした人間集団の結びつきが崩壊しかけています。

ちなみに「我が国と諸外国の若者の意識に関する調査（平成三十年度）」（内閣府　令和元年六月）で「家庭生活への満足度」に対する意識が最も低いのが現在の日本です。

（3）占領下の憲法改正

日本は降伏受諾に関わる第二の焦点を、宣言文に「戦争遂行能力の破砕、軍の完全武装解除」があるため、軍備を明記した明治憲法の改正と認識していました。

日本政府は終戦間もなくの十月、マッカーサーから「民主的な憲法改正」の示唆を受けました。年明けに準備した改正案は基本的に明治憲法を踏襲するもので、例えば「陸海軍とあるを、軍とする」などの用語表現を修正する程度の小手先対応でした。ところが、GHQ提出に先立つ二月一日に、改正案が当時の毎日新聞にスクープされました。その内容を知ったマッカーサーは、日本政府に任せては、米国が望むような憲法改正は実現しないと判断しました。

マッカーサーは二月三日、GHQスタッフに、天皇元首、戦争放棄、封建制廃止等の基本事項を記した「マッカーサー・ノート」を示し、日本国憲法の起草を命じました。四日から秘密裡でGHQ所属軍人等二十名が分担して起草作業に入りました。

本来、戦時国際法では、占領国は被占領国の現行法律を尊重することが規定され、憲法改正などに関与できません。事実、起草担当者の一人は、後のインタビューで「このようなことは不幸な出来事だと思いました。なぜなら、外国の軍人や弁護士によって作成された憲法は、正当性を

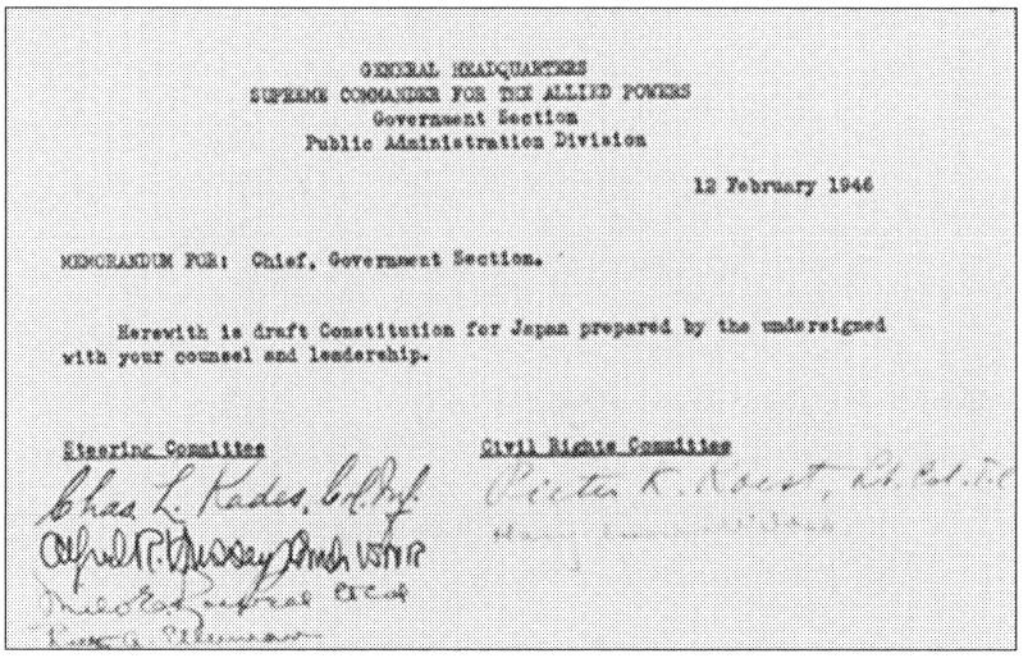

GENERAL HEADQUARTERS
SUPREME COMMANDER FOR THE ALLIED POWERS
Government Section
Public Administration Division

12 February 1946

MEMORANDUM FOR: Chief, Government Section.

Herewith is draft Constitution for Japan prepared by the undersigned with your counsel and leadership.

Steering Committee　　Civil Rights Committee

日本国憲法草案（Draft Constitution for Japan）

持ちえないと感じたからです」と答えています。

憲法は国のあり方を示すものですから、その国の歴史・文化・伝統・慣習等を背景とした価値観が反映されます。しかし、マッカーサーの任務は「二度と米国の脅威にならない日本国家」を作ることであり、そのための憲法は、日本の伝統的な価値観を全否定したものとなりました。

例えば、憲法の理念を示す日本国憲法前文は、①アメリカ独立宣言（一七七六年）②アメリカ合衆国憲法（一七八七年）③リンカーン米国大統領演説（一八六三年）④大西洋憲章（一九四一年）⑤テヘラン宣言（一九四三年）⑥マッカーサー・ノート（一九四六年）から切り取った寄せ集め文と言われ、日本由来の価値観の片鱗もありません。

日本政府はGHQの秘密の起草作業を知らないまま、明治憲法改正案を八日にGHQに提出しました。しかし、それが新たな日本国憲法となることはなく、GHQの起草チームが十二日までに突貫作業を終え、十三日に日本政府に手交されたものが現行憲法の草案となり、現在でも国会図書館に保存されています。突然に英文草案を手渡された日本政府は、「この憲法であれば司令官はサインする」と天皇の地位の安泰を示唆され、仕方なく二十二日にそれを受諾しました。

マッカーサーが「象徴天皇」を条件にGHQ草案受け入れを急がせたのは、二月二十六日以降

ＧＨＱの上位組織として極東委員会が設置され、構成国であるソ連、豪州等が天皇制廃止を要求することが見込まれたためでした。天皇を利用して占領統治を整斉と推進するためには、極東委員会が活動開始する前に、米国にとって望ましい形での憲法改正を日本に決定させる必要がありました。

報道統制下においては、ＧＨＱが秘密裡に草案を起草したという事実は一切報道されませんでした。よって現在においても国民の多くは真実を知らず、今でも、学校では日本政府が起案したことにされているようです。ちなみに、私は講話する時に確認していますが、自衛隊員ですら、現行憲法をＧＨＱが起草したことを知っている者はごくわずかです。

バルト海のシュテッティンからアドリア海のトリエステまで欧州を横切る「鉄のカーテン」が降ろされた。

冷戦の始まりと米国の対日戦略の変更

米国が当初考えていた占領目的達成後の日本像は、軍事力を一切保有せず、自国の安全を一九四五年十月に設立された国連の集団安全保障に委ねるものでした。しかし、第二次世界大戦末期から見え始めたソ連の北海道分割占領要求などの領土拡大の野心により、次第に共産主義陣営と自由主義陣営の対立が見られ、集団安全保障機能が期待できなくなりました。

一九四六（昭和二十一）年三月、チャーチル元英国首相の「鉄のカーテン演説」で冷戦の幕開けが世界に知れ渡りました。一九四七（昭和二十二）年三月にトルーマン米国大統領は「共産主義との対決」を表明し、一九四八（昭和二十三）年一月には米陸軍長官が「日本を反共の防壁にする」と演説しました。同年六月、ソ連によるベルリン封鎖などの実力行使も始まり、米国は日本を自由主義陣営に取り込むため、経済的復興支援及び非軍事化見直しを検討しました。

米国国家安全保障会議は同年十月に、占領開始以来の「降伏後に於ける米国の初期の対日方針」を大きく転換して、「米国の対日政策に関する勧告」を策定しました。具体的には、沖縄の長期支配、横須賀海軍基地の拡張、日本の国内警察力の強化などです。

一方、日本政府も、独立回復のあとに国連の集団安全保障が機能しない場合を想定して、米国による安全保障体制を模索し始めました。

警察予備隊の誕生

一九四九（昭和二十四）年十月一日に中華人民共和国が成立し、四か月後の中ソ友好同盟相互援助条約では日本が仮想敵国と名指しされました。一九五〇（昭和二十五）年元旦にマッカーサーは、「日本国憲法は自衛権を否定せず」と声明して再武装を示唆します。また、五月三日には、共産主義陣営による日本侵略の恐れを警告し、日本共産党がそれに協力していると非難、同党の非合法化も検討すると声明しました。北朝鮮が韓国へ侵攻開始する一か月ほど前の五月三十日には、日本共産党支持のデモ隊と警備の米軍が皇居前広場で衝突し、国内治安が極度の緊張状態になりました。そして、ついに六月二十五日に朝鮮戦争が勃発しました。米軍を主力とする在日占領軍は国連軍として朝鮮半島に出動し、日本国内の治安維持勢力は警察のみとなりました。

マッカーサーは、悪化する国内治安に対処するため「事変・暴動等に備える治安警察隊」として七月八日、警察予備隊（七万五千名）の創設と海上保安庁の増員（八千名）を命令しました。これは「米国の対日政策に関する勧告」に示された、日本の国内警察力の強化等の一つです。

マッカーサーの命令は憲法を超えるものです。日本政府は、憲法九条の規定にも関わらず、「わが国の平和と秩序を維持し、公共の福祉を保障するのに必要な限度内で、国家地方警察及び自治体警察の警察力を補うため」として、八月十日に警察予備隊を編成しました。「警察予備隊は憲法違反だ」という声に、政府は、「憲法で謳っている戦力とは国防の任務に就くものであり、警察予備隊は戦車や大砲を装備していても警察機能であるので、憲法に示す戦力ではない」としました。

日本は中ソに仮想敵国とされ、さらには隣国で戦争が始まりました。そして日本は国連軍の出撃基地であり兵站（へいたん）基地でした。いつ攻撃されてもおかしくない状況でした。

しかし、軍事占領下での日本防衛は占領軍の役割です。警察予備隊に国防任務はありませんでしたが、訓練自体は米軍の顧問団が実施しました。そして、マッカーサーは、いつでも警察予備隊を指揮することができたのです。

独立回復と日米安保条約の締結

日米両国は、一九五一（昭和二十六）年九月のサンフランシスコ平和条約締結にともない占領軍が撤収した場合、日本を守る軍事力がなくなるので、「日米安全保障条約（旧）」を結び、占領米軍を在日米軍として駐留を続けさせることに合意しました。この条約は、十九世紀に欧米諸国が属国や保護国、植民地と結んでいた条約と同じようなものです。つまり、米国に日本防衛の義務はなく、逆に望む兵力を、望む場所に、望む期間だけ駐留させ、内乱を鎮圧し、さらに米軍関係者は治外法権でした。

敗戦国日本は独立を回復したとはいえ、軍事力がないため、治安維持も含めて、国の安全を米軍に委ねる半独立国家状態でした。植民地にならないため五十年間、懸命に戦って負けた日本は、実質的に米国の被保護国になりました。悲しいかな、これが戦争に負けるということなのです。

保安隊への改編

独立回復に伴い、占領期間中に占領軍総司令官命令を受けて政府が国民に発した勅令や政令を法律化しました。一九五二（昭和二十七）年七月三十一日警察予備隊令を廃止して保安庁法を制定し、警察予備隊を改編して保安隊を創設しました。警察予備隊所属の警察官は保安官に、海上警備官を警備官と呼称変更しました。保安隊の行動は「非常事態に際しての治安の維持」とされ、警察予備隊と同じく国防の任務はありませんので、憲法に示す戦力には該当しないとされました。

一方この時期、既に米国は日本の再軍備について「米国の対日目標・行動方針」で定め、その規模を十個師団の陸軍と適切な規模の海空軍にすることを考えていました。

占領終了とともに、戦争放棄、戦力不保持を宣言させた憲法は早くも米国の思惑に合わないものになりました。軍事占領下で強制的に制定させられた憲法は、所詮、占領目的達成のための憲法だったのでしょう。逆に言えば独立回復時に、独自に憲法を改正することが本当は必要だったということです。ここに、列強の軍事脅威下で明治維新を担った文武兼備の指導者たちと、占領軍の保護下で国家改造を担った政治家の国家観の違いを感じます。

数年前、この主権回復の頃に、昭和天皇が日本の再軍備や憲法改正にご発言されていたという記録が報道されています。憲法について「他の改正は、一切ふれずに軍備の点だけ公明正大に堂々と改正してやった方が良い」（一九五二年二月十一日）、再軍備に関しても「侵略者のない世の中になれば武備はいらぬが侵略者が人間社会にある以上軍隊は不得已（やむをえず）必要だ」（同年三月十一日）と述べられたことは、国家の独立自存を考えるときの、誠に現実的なお考えだと思います。

4 自衛隊の歩み

難産だった自衛隊の誕生

米国は共産主義陣営に対抗するため「相互安全保障法」を定め、被援助国に軍事・経済援助の条件として防衛力強化の義務を求めました。日本は経済復興のため経済援助は欲しいものの、憲法で戦力不保持を定めているためジレンマに陥りました。そのため日本政府と米国大使館で調整が行われ、日本の防衛力強化は「国内の一般的経済条件の許容する限度内で、かつ、政治的及び経済的安定を害することなく、これが実現されれば足りる」との合意を得ました。

その結果、一九五四（昭和二十九）年に締結された「日米相互防衛援助協定」には、「日本は主権国として国連憲章第五十一条に掲げる個別的又は集団的自衛の固有の権利を有する。日本は日米安全保障条約の軍事的義務を履行し、かつ、政治及び経済の安定と矛盾しない範囲で防衛能力を増強する」（主旨要約）と規定されました。

この個別的自衛権を根拠に、自衛隊が創設され、その任務は「我が国の平和と独立を守り、国の安全を保つため、直接侵略及び間接侵略に対し我が国を防衛する……」（法三条）とされました。直接侵略対処が外国軍からの防衛です。間接侵略対処は、警察予備隊、保安隊が任務とした外国からの干渉によって生起した大規模な内乱・騒擾に対する治安維持の継承です。間接侵略対処が防衛任務として明記されていることは、当時の国防における治安維持の重要性が高かったことを示すものです。

二〇一六（平成二十八）年の法改正で間接侵略は削除され、「我が国の平和と独立を守り、国の安全を保つため、我が国を防衛する……」となっています。

この三条に示す任務こそが、自衛隊の存在意義であり、ここにあらゆる活動が収斂されます。言葉後輩たちには、部隊の行動に迷ったら、三条に適うか否かで判断しなさいと言っています。

④　自衛隊の歩み

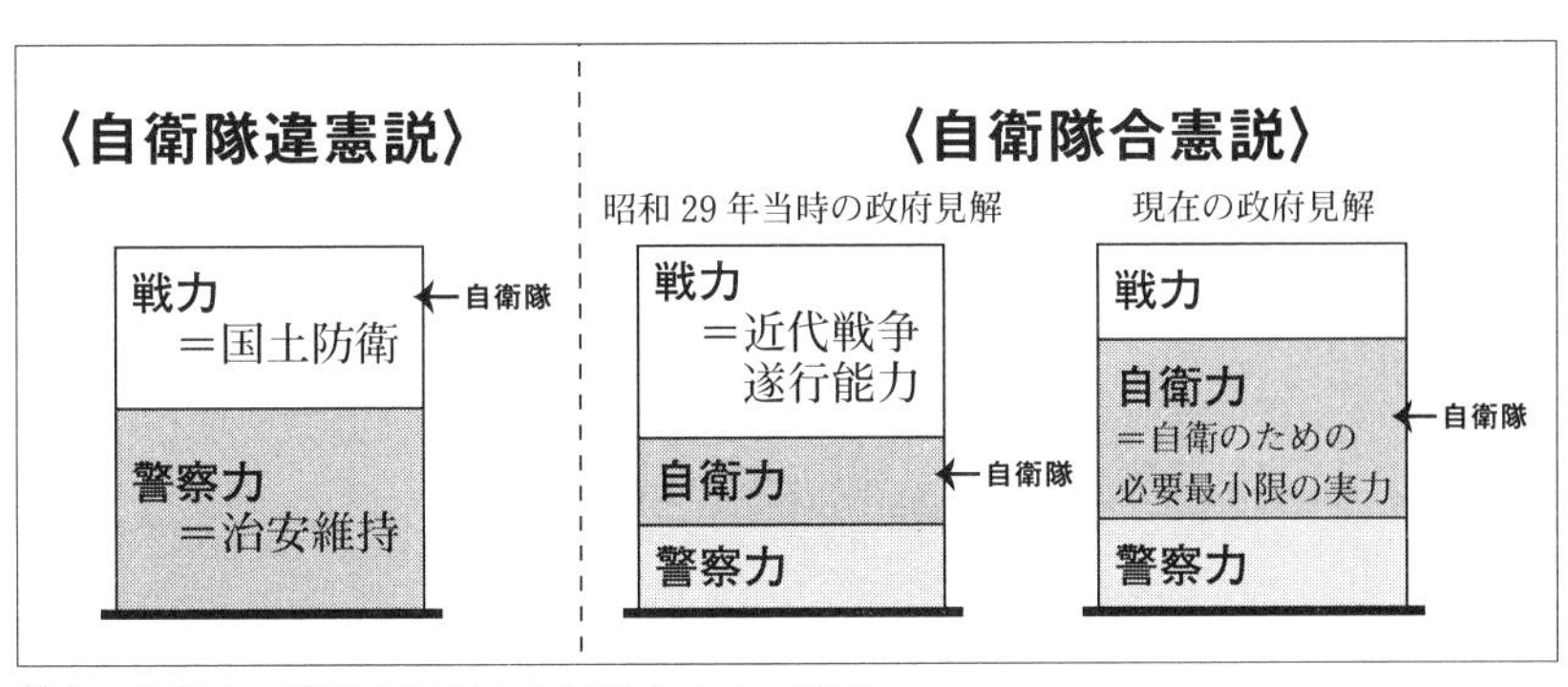

戦力・自衛力・警察力に関する各説のイメージ図
（衆憲資 77 号「憲法に関する主な論点に関する参考資料」を基に作成）

を換えれば、我が国を防衛することに資さない部隊の活動は意味がないということです。

当然ながら、発足当初から、自衛隊は憲法違反なのではないかという議論がありました。当時、政府は「戦力とは、近代戦争を戦うことのできる能力のこと」と説明しました。そして、「自衛隊は力が小さいから、戦力とは言わない」という、いわゆる「戦力なき自衛隊」という言葉が生まれました。ちなみに現在、自衛隊は、「自衛のための必要最小限度を超えない実力」とされています。詭弁（きべん）ともとれる解釈論では国民は自衛隊を正しく認識できません。

このような歴史的経緯だけ見れば、自衛隊は、①憲法に根拠のない組織であり、よって国民には関係がない　②米国からの経済援助と引き換えに発足した　③警察予備隊、保安隊、自衛隊と呼称と任務が変わっても、その実態を国民が認識できていない、のが現実です。

ここに、近代的法治国家の最大武装集団でありながら、憲法に存在根拠を持たない自衛隊の悲劇があります。

国は誰が守る？

二〇一三（平成二十五）年八月下旬、私の母校である陸上自衛隊高等工科学校（高工校）で、自衛官を目指して勉強している後輩生徒たちに話す機会を頂きました。私が「この国は誰が守りますか？」と問いかけますと、十五歳から十八歳の若駒たちが競って挙手し、指名を求めます。最初に指名した十五歳の一年生の生徒は「この国は、僕が守ります！」、次が二年生たちで「米軍です」「自衛隊です」「安倍総理と政府が守ります！」、三年生が「国民、皆で守ります」と、その答えはバラバラでした。

翌年六月下旬、また高工校に伺い、四月に入校して間もない一年生だけに集まってもらい、同じ質問「この国は誰が守りますか？」をしました。するとほぼ全生徒が挙手し、三名指名したところ、回答は同じで「国民、皆で守ります」でした。「では、国民皆で国を守るなら、自衛官は何をするのか？」と更問し、三名指名したら三名とも「自衛官は命を懸けて国を守ります」との回答で、この老兵は講話の目玉を先取りされました。

前年の生徒たちの反応とガラリと変わったのはなぜか。多分、先輩か教官の誰かが講話開始前に「千葉先輩は、このような質問をするぞ。その時はこのように答えろ」と入れ知恵したのではないでしょうか。

実は前年の講話の際、「国は国民みんなで守り、自衛隊はほかの人たちができないことを担うのだ」と話し、例えとして、東日本大震災の災害派遣について説明しました。

「震災を乗り越えるために、自衛隊だけが頑張ったのではなく、国民みんなが力を合わせました。

北海道からの部隊派遣や食料の輸送は、フェリー会社や船長の協力がなければできませんでした。自衛隊がやったのは警察や消防、民間の人たちのできないこと。例えば、原子炉を冷やすためにヘリコプターからの空中放水をしたこと。あるいは新たな津波の恐れがある中、腰まで海水につかって捜索したことなどの命がけのことです」

誰かが、この話を新一年生に教育したのでしょう。日本中から選ばれて集まった若駒たちは、教えれば理解できます。まさに教育の好例と思います。

しかしながら、後輩たちが、「命を懸けて国を守る」と答えてくれたものの、一方で「命を懸ける」ということをどのように理解しているのだろうかという思いがよぎりました。私が十五歳で三等陸士として少年工科学校（現高工校）入校する時には「自衛官は親の死に目には会えない。畳の上では死ねない」と言われて家を発ちました。また、それが現役時代を通じた覚悟でもありました。では、今の後輩たちや、それ以上に彼らのご家族を含む国民の認識はどのようなものでしょうか。

高工校には全国から生徒が集まります。彼らの国防に対する認識の程度が、中学校教師や保護者の国防に対する認識の指標ともいえるでしょう。この国を誰が守るのか、義務教育を終えた段階で曖昧なのが日本なのです。これが日本の学校教育の実態の一部です。

私は、国防とは愛国心を基盤として国民が一体となって達成するものであり、国力の各種機能の分担とその総和によって成し遂げることができると思います。その前提となるのが国民意識であり、中核となるのが自衛隊なのです。

自衛隊の守り

（1）治安の守り

「この不平等な日米安保条約を何とかしなければならない」。

一九六〇（昭和三十五）年、条約改正のために日本政府が動き出し、これが日本中に波及して大騒ぎになりました。六十年安保闘争です。国会周辺には三十三万人のデモ隊が集結し、国会議事堂内にも突入し、その騒動で女子大生が一名亡くなりました。

当時、共産主義勢力が政権を取るときは、大規模な騒擾事態を引き起こし、臨時革命政権を打ち立て、その要請を受けてソ連軍が介入するのが定石でした。マッカーサーが警告を発したように、一九五〇年代は日本共産党も暴力革命を掲げ（五十一年綱領）、国内でテロも引き起こしていました。治安を維持し、騒擾事態を起こさせないことが、外国勢力介入の口実を与えないことになります。間接侵略対処も担っている自衛隊は、治安出動の準備に入りました。この時、総理大臣は治安出動命令を出そうとしましたが、防衛庁長官などが反対しました。国民を押さえるために自衛隊を前に立たせてはだめだと考えたからです。これは素晴らしい意見具申でした。

もしも、あのとき自衛隊が出動していたら、おそらく今の自衛隊はありません。自衛隊の存在意義は、国民を守ることにあるのであって、国民を押さえるためではないからです。自衛隊は出動できる態勢を取りながら、警察の後方支援に徹して、間接侵略から国を守るため隙を見せない戦いをやっていたのです。

（2）直接侵略対処

国内治安維持と並行して、共産軍による直接侵略に対しても備えなければなりませんでした。冷戦下における最大の脅威はソ連でした。そこで、自衛隊は東北から北海道の北辺の守りを固めました。私自身、北海道に長く勤務しました。中国や北朝鮮に対してよりも、ソ連に隙を見せない守りを優先した時代です。

この頃、陸上自衛隊は年に一回、応急出動準備訓練を行いました。「これから戦争が始まるから直ちに準備しろ」という平時から有事への移行準備の訓練です。九州や本州の部隊が北海道に駆け付ける準備をし、北海道の部隊は駐屯地を出て陣地地域に移動する準備をします。弾薬を含めた物品を車両に積載し、作戦地域への出発準備をします。隊員個人は私物品を梱包して実家に発送する準備もします。また、全員が遺書を書き、部隊ごとに集中保管します。

こうした訓練を年に一回は必ずやりました。自ずと隊員の職務に対する自覚が深まり、士気も上がります。また、隊員を通じてご家族も訓練の実施を承知しますので、当時は家族の部隊に対する理解も深かったと思います。

（3）冷戦終結と日本の課題

さて、冷戦が終わり、民主主義陣営は共産主義との戦いに勝利しました。ソ連は崩壊しました。このとき私は、これで核戦争は起きないなと安堵した記憶があります。

では、冷戦後の日本を取り巻く安全保障環境はどうでしょうか。ソ連が大東亜戦争の停戦後に

政府による拉致問題啓発ポスター

一方的に侵攻を続けて占領した北方領土は、いまだにロシアの支配下です。日本が主権を回復する三か月前の隙を突いて韓国が一方的に領有宣言した竹島はいまだに不法占拠されたままです。尖閣諸島は、一九六〇年代に地下資源があるとわかった途端に、中国が領有権を主張し始めました。中国はそれまでは領有権を主張しておらず、中国の地図を見ても日本領となっていました。近年は、中国海軍統制下の艦船が尖閣諸島周辺のＥＥＺ内に進入し、領海を侵犯しています。

また、北朝鮮による拉致事件も顕在化しました。いまだに、どれだけの人が拉致されたのか、その生死すら確認できていません。日本には「拉致問題その他北朝鮮当局による人権侵害問題への対処に関する法律」があり、国は解決のため、最大限に努力すると責務が明記されているにもかかわらずです。

国防とは主権、国民、領土・領海・領空を守ることです。では今、日本は国を守れているのかという疑問が自然と湧いてきます。私は後輩たちに、「国民が領土を取り返してくれ。島を守ってくれ。拉致被害者を迎えに行ってくれと言ったら最前線に立つのは自衛官だよ」と言い聞かせ、射撃訓練をはじめ、厳しい演習を行う上での目的意識を喚起しています。

国を守るというのは、単なるスローガンではないのです。日本周辺は、冷戦時代から続く安全保障の課題がそのまま残っているという認識が大事です。領土を取り戻し、拉致された同胞を取り戻した時が、当事者にとっての平和の始まりなのです。

湾岸戦争と国民の目覚め

冷戦後に起きた一番大きな出来事は、湾岸戦争でした。世界中が平和に浮き足立っているとき、一九九〇（平成二）年八月二日イラクがクウェートに攻め込みました。

イラクのクウェート侵攻を受けて、国連安全保障理事会が招集されました。多数決が行われ、多国籍軍編成に賛成十二、反対二、棄権一でした。反対はイエメンとキューバ、棄権は中国で拒否権は使われませんでした。

こうして、多国籍軍が編成されました。日本では、自衛隊を派遣するか、派遣しないかで大いに揉め、陸上自衛隊の幹部も意見が割れました。国会での議論の末、自衛隊は出さずに経済援助をするという結論に至り、湾岸戦争でかかった金額の四分の一以上に当たる一三〇億ドルを日本が拠出しました。これは、日本人一人当たり一万円以上出した計算になります。経済大国日本は、札束で勝負したわけです。

しかし、結果として日本は世界の顰蹙（ひんしゅく）を買い、馬鹿にされました。「日本は国際社会の平和のために砂漠で血を流す青年の命を金で償えると思っているのか」と批判する米国議員もいました。世界中から日本バッシングを受け、外国では日本車が燃やされ、日本人とわかるといじめを受けました。米国東部で日本人と間違われた韓国青年が暴行を受けたという悲劇的な報道までありま

クウェートによる感謝広告

した。

米軍を主力とした多国籍軍によって領土を取り戻したクウェートが、一九九一（平成三）年三月十一日に米国の新聞に「感謝の広告」を掲載しました。しかし、紙面には日の丸や〝ジャパン〟という文字はありませんでした。戦後日本の経済至上主義が世界から蔑視されたのです。

この結果を受けて、多くの国民が目を覚ましました。当時の世論調査を見ると、イラク軍の侵略開始から一か月後の九月四日、東京新聞では自衛隊派遣反対が約八十三％でした。しかし、クウェートの「感謝広告」から一か月後の四月十一日読売新聞では自衛隊派遣賛成が約八十三％と、七か月でガラッと変わりました。

この国民の後押しを受け、同年四月、海上自衛隊掃海隊はペルシャ湾に、十月には陸上自衛官一名が国連イラク化学兵器調査団に派遣されました。これが自衛隊史上初めての海外派遣です。彼らは、その技能を発揮して世界から高い評価を得ました。

湾岸戦争から国民が得た教訓は次のようなものです。

「どれだけ金を出しても無視され、相手にされない。しかし、自衛官を二〜三〇〇名派遣すれば、国際社会からは高く評価される。自衛隊廃止を叫ぶ必要なんてないじゃないか。せっかく自衛隊があるのだから、大いに活用したら良いじゃないか」——。

しかし当時は、海外に派遣する法的根拠がありません。そのため、掃海隊は公海上で所有国不明の危険物をたまたま見つけたので処分しましたという論理を押し通しました。また、国連に派遣された幹部自衛官は外務省職員という身分で派遣されました。

そこで、一九九二（平成四）年、紛争当事者間の停戦合意が成立していることなどを条件としたＰＫＯ（国連平和維持活動）協力法が制定され、同年、道路などの補修のためにカンボジアに自衛隊を送り出しました。平和で安全だからといって派遣されたカンボジアでしたが、不運にも国連ボランティアの日本人青年とＰＫＯ文民警察隊として参加中の日本警察官一名が銃撃により亡くなり、その他三名が重傷、一名が軽傷を負う事件が起きました。また、ある自衛官の防弾チョッキには銃撃を受けて弾が刺さりました。これが、軍隊や自衛隊が参加するＰＫＯの実態の一端です。

事件後、警察隊は危険を回避するため、隣国のタイに避難しました。しかし、自衛官は持ち場を離れずに任務を続行し、何とか自衛隊員から人的損害を出すことなく任務を終えることができました。その甲斐あって、この派遣を通じて、アジア地域における陸上自衛隊の評価と信頼は高まりました。ちなみに、カンボジア派遣に続き、アフリカのモザンビークにもＰＫＯとして派遣されました。

このように、国際社会の一員として他国からの評価と信頼を得るためには、平和と安定を守るための応分の軍事的貢献が求められることを学んだ湾岸戦争でした。

政変と国家安全保障戦略

こうして自衛隊が海外に出るようになって最も変わったのは、国民の意思を反映する場である政治です。

一九九四（平成六）年六月三十日、自衛隊廃止、海外派兵絶対反対を主張していた社会党が政権を取りました。自衛隊の立場からすると、一体どうなるのかと戦々恐々でした。私は当時、陸上自衛隊の予算要求の仕事をしていました。自衛隊最高指揮官となった村山富市総理大臣は、防衛予算十％カットを指示してきました。わずか、○・何％の予算増額を目標としている時に、一挙に十％減額ですから対応が大変でした。最高指揮官の命令ですから、黙って従わなければなりませんが、私はとても複雑な心境でした。

同じようなことが、二〇〇九（平成二十一）年、民主党政権でも起きました。事業仕分けを担当した民主党（当時）の某議員は、防衛省予算をバッサバッサと切っていきました。海外派遣などの任務は増える一方で、予算が減らされて、実人員数も下げなければならない事態になりました。こうした苦い体験を踏まえ、私は後輩に言っています。

「自衛隊員は政治に関与してはならないが、関心は持たなければならない。隊員ができる政治的活動はただ一つ。主権者として最も重要な投票権の行使である。国政選挙と国防は表裏一体だ。どの政党、誰に投票するかによって、その後の自分たちに直接跳ね返ってくる。だから選挙前に慌てるのではなくて、日頃から、どの政党が何を言っているのか、誰が何を言っているのかをしっかり見ておきなさい。それで自分で判断して投票しなさい」

ところで、社会党も一つだけ良いことをしました。それまで真っ二つだった国民を一つにまとめたことです。つまり、本来自衛隊廃止を主張していた社会党が、「自衛隊は合憲である」と方針を転換し、さらには、海外派兵絶対反対を止めて、逆になぜ海外に派遣するのかを国民に説明したのです。「平成八年度以降における防衛計画の大綱（〇七防衛大綱）」において防衛力の役割の一つとして「より安定した安全保障環境構築への貢献」を明記したのです。

以降は、社会党のお墨付きをもらって海外へ派遣することができるようになり、自衛隊の評価はうなぎ登りに高まっていきました。

二〇〇一（平成十三）年九・一一米国同時多発テロ発生時に、米国大統領が「これは新たな戦争である！」と声明しました。それを受けて小泉純一郎総理大臣は「日本もテロとの戦いに参加する」とすぐさま米国の行動を支持し、テロ対策特別措置法（テロ特措法）を国会で可決し、自衛隊により米国が主導する有志連合軍の活動を支援させました。

二〇一三（平成二十五）年十二月には、安倍晋三総理大臣が主導して日本初の国家安全保障戦略を策定し、これによって総合的な防衛態勢が示されました。すなわち、国内のあらゆる力を結集して国を守る態勢をつくる。まず、抑止の態勢を取る。抑止が破綻したら、速やかに脅威を排除する。そのために、足りない部分は同盟国、友好国の力を借りる。これを決めたのが安倍内閣の国家安全保障戦略です。

ちなみにそれまでは、一九五七（昭和三十二）年に定めた「国防の基本方針」があり、これを一言で言えば「日本を国連に守ってもらう。国連が機能するまでは日米安保で守る」というものでした。

この国家安全保障戦略は、令和四年末に改定され、同時に国家防衛戦略、防衛力整備計画も策定されました。私は以前から、幹部自衛官には必ず国家安全保障戦略を読むように言っています。これを読まないと、国家において自衛隊がどのような役割を持っているか、何のために外国軍と共同訓練をするか理解できません。安倍元総理の言われた「どのような部隊を、どこに配置するか、どこで、どのような訓練演習をするか、すべて抑止力である」ということの指南書なのです。

幹部はそれでわかってくれると思うのですが、政治用語に慣れていない若い隊員や一般市民には違った切り口で話しています。私は、国際社会を町内に、軍事紛争を放火事件に置き換えて説明しています。

国家安全保障戦略（イメージ）

冷戦時代：一国平和主義

・我が家が無事であれば良い
・近所町内に放火があっても、敷地を一歩も出ない
・金のみを出し、火傷のリスクを負わない

↓

現在：国際協調主義

・町内の平穏無事が、我が家の安全
・放火発生時は町内会の一員として消火に参加
・防犯パトロールや消火訓練に参加、放火を防止

「湾岸戦争までの日本国・自衛隊は、自分の家に放火された時だけ火事を消す。近所や町内で放火があっても敷地を一歩も出ないで、金だけ出す。それではだめだということで、町内会の一員として、火傷を覚悟して一緒に火事を消すようになったのが湾岸戦争以降のことだ。近所の火事は、そのうち我が家に延焼するぞ。これが朝鮮有事、台湾有事の時だ。また、自分の家に放火された時、誰も助けてくれないぞ。それは北朝鮮のミサイルが撃ち込まれたとき、中国が尖閣諸

島に手を出した時だ。そもそも町内で放火事件が起きないように、町内の防犯パトロールや消火訓練に参加しようじゃないか。これが外国軍との共同訓練だよ」

自衛隊の共同訓練は、元々は日米だけでした。しかし近年では、様々な国と共同訓練を行うようになっています。たとえば、陸軍種だけをとってみてもイギリス陸軍、フランス陸軍、オーストラリア陸軍、そしてインド陸軍が日本国内で訓練しています。また、陸上自衛隊の部隊が、インド、インドネシア、フィリピン、タイ、オーストラリアで訓練しています。海上自衛隊、航空自衛隊も各国と訓練を実施しています。

このように同盟国や同志（友好）国と共同訓練を行うことで、インド太平洋地域の安定を維持することが、中国などの力による現状変更を抑止し、結果として日本の安全を守ることになるのです。

自衛隊と身近な災害派遣

自衛隊は、災害などが起きて自治体・警察・消防・海上保安庁などが対応できない時に、緊急性・公共性・非代替性を考慮して災害派遣を実施します。各部隊は「自衛隊の災害派遣に関する訓令」に基づき、計画を立て訓練し、国民生活を守っています。この災害派遣も大きく変わり、まず何より命がけになりました。

私が中隊長時代の一九八九（平成元）年八月第一日曜日、担任地域の福島県浪江町で台風による被害が発生し災害派遣に出動しました。あいにく、連隊長含め部隊主力は不在で、先任指揮官の私が連隊長に代わり残留部隊を指揮して対応しました。出動前の隊員に対する訓示が「いいか、全員無事帰るぞ。災害派遣に命を懸ける必要はない」でした。

福島県内の各所の道路が寸断されたため宮城県を通って現地に進出しました。具体的に現地で実行した任務は、電話線が途絶して状況が確認できない山奥の孤立集落の住民の安否確認でした。谷川沿いの道路が崩落して危険なため警察・消防・役場職員では対応できず、災害対策本部会議において町長が最も憂慮していたことでした。その状況を承知して私が確認を引き受けました。そして、レンジャー隊員を主体とした選抜部隊に、夜間、暴風雨の中、徒歩で山超えの前進を命じました。一緒にレンジャー訓練をした彼らであれば無事、任務達成できるという信頼と自信をもっていました。

（1）雲仙普賢岳の噴火――命より重いもの

ターニングポイントは、一九九一（平成三）年六月四日、長崎県雲仙普賢岳の災害派遣です。当時、火山の頂上に溶岩の塊ができました。立ち入り禁止を無視して、マスコミがハイヤーを雇って入っていきました。地元の警察、消防が危ないから出ていけと言っている最中、不運にも溶岩の塊が崩れて、大火砕流となり四十名余りが命を落としました。

次の火砕流発生の危険があるため地上活動が制約を受け、住民の安否確認のみならず、ご遺体の収容もできません。当然ながら放っておくわけにはいきませんが、かといって非常に危険な状況であるため、警察や消防では難しいし、できない。災害対策本部会議では重い沈黙が続き、自治体・警察・消防などの関係者の多くが目を伏せ、顔を上げない中、長崎県大村駐屯地から出動した第十六普通科連隊のY連隊長が「やれるのは俺たちしかいないな」と傍らの部下に語りかけ、部下は声を発することなく目で了解を示したそうです。そして、Y一佐は自ら装甲車に乗って隊員とともに現場に進出したそうです。

私は、その連隊長が退官された後に「部下にご遺体収容で、命を懸けさせたのですか？」と質問したところ、「違う。俺はご遺体収容などとは一言も言っていない。まだ生きている人がいるかも知れないから捜しに行くぞとしか言わなかった。捜索に行ったらご遺体を発見したので収容させたんだ」という回答でした。Y連隊長は「ご遺体収容の要請だから」ではなく、「急いで生存者の捜索に行くぞ」として部下が命を懸けて行動する大義名分を与えたのです。

この部隊が撤収するとき、長崎県知事は次のように述べました。

《当初、市民は、一瞬にして平和な生活を奪われ、何ら施すすべもなく右往左往しておりました。まさに地獄絵図のような状態でした。市民はあの時、一番何を求めたでしょうか。〝ヤマ〟の脅威、恐怖からの安心、我がまちの安全であります。自衛隊は、〝ヤマ〟の猛威に真正面から立ち向かって下さいました。忘れもいたしません。第一回目の予想もしなかった巨大な火砕流のあった平成三年六月三日、貴い四十三人の方の命が一瞬にして〝ヤマ〟に奪われました。一縷(いちる)の望みを抱く遺族の願いを叶えるべく、自衛隊はその翌日から連続して三日間、たった今火砕流が流れて来ても全く不思議でないあの火砕流の現場の真っただ中に入られたのであります。あれくらい、不安におののいていた市民にとって、力強い思いをしたことはなかったでしょう。生命は、地球より重いといわれるこの現代の風潮の中で、その地球より重い命よりももっと重い使命感があったということをまざまざと見て、熱いものがこみあげて参りました。自衛隊は、いざという時、死を賭してくれるものだということを、市民はしっかり見届けたのであります。自衛隊の真骨頂を見る思いでした》

近年、感染家畜の殺処分や災害ゴミの収集搬送まで、災害派遣とする例もあります。そのような状況においても、現場指揮官は部下に「命令や要請のもつ意義」を理解させ、大義名分を与えて、任務に邁進させることが重要だと思います。そして、隊員が気後れするような時にこそ、階級に関係なく指揮官が先頭に立って背中で部下を率いることです。

(2) 地下鉄サリン事件――俺がやる

一九九五(平成七)年の地下鉄サリン事件では、オウム真理教が通勤時間帯の地下鉄車両内にサリンガスを撒きました。この時も警察・消防、地下鉄職員では対処できないため、化学科部隊が出動し除染作業に当たりました。地下鉄を復旧するためには、本当に安全なのかを点検する必要がありますが、当時の日本にはサリンガスを検知する器械がありませんでした。警視庁機動隊が山梨県にあるオウム真理教の拠点を強制捜査する時は、有毒ガスに敏感に反応する小鳥を入れた鳥籠を先頭の隊員が掲げて前進しました。

では、自衛隊の現場はどう対処したのでしょうか。この時、指揮官N三佐は地下鉄内で自ら防護マスクを外して部下にOKサインを出しました。本来は部下に命じて実施させるように自衛隊の教範（マニュアル）には定められていますが、この時は指揮官自ら先頭に立ったのです。本人曰く、「日頃の訓練通り除染したので大丈夫とは思ったが、死者含む数千名が病院に搬送されているという現実があり、部下に命じるには忍び難かった。それで、（教範を無視して）自分でやりました」。

自衛隊では苦しいとき、危ないときに真っ先に前に行くのが指揮官だと常日頃教育されていますが、まさにそのように実践されたわけです。N三佐のような指揮官であればこそ「隊長、まず私がやります。後のことはお願いします」という部下や部隊が育ち、困難を乗り越えられると思います。実際現場でも、そのようなやり取りがあり、N三佐は、「〇〇、君にはもっと重要な役割を命ずる。俺の目を見ていて、おかしいと思ったらすぐにこの注射を俺に打て」と命じたそうです。

(3) 原発事故対処——任務です

二〇一一（平成二十三）年の東日本大震災においては、東京電力福島原子力発電所で事故が起こりました。私自身が福島と仙台で勤務した時に、着任早々、災害派遣の任務上、現地を訪問し、「原発の事故は絶対起きません」と説明を受けました。ちなみに、一九九五（平成七）年の阪神淡路大震災に伴う災害対処補正予算を編成する時に、原発事故対処事業を含めたところ、防衛官僚から「原発は事故が起きないことになっているので取り下げて欲しい」と要求されたことがありました。

しかし、その原発安全神話が崩れました。被害を最小限に食い止めるために、原子炉を冷やさなければなりません。警察も消防も東京電力も手に負えない。世界中が固唾(かたず)を呑んで注目する中、何とか冷やさなければなりませんでした。テレビの記者会見の場で、防衛大臣が記者にどうするんですかと問い詰められて返答に窮した時に、「我々がやります」と発言したのは、傍らに陪席していた自衛官トップのO統合幕僚長でした。

自衛隊の大型ヘリコプターが出動して、上空から水を撒きました。これがトリガーとなって、関係者の総力を結集した必死の対応が始まりました。米国も日本の本気度を理解して全面的な協力を開始しました。この散水任務を行ったK隊長に数年後に会う機会があり、当時の状況を聞きましたが「誰かがやらなければならない。それができるのは俺たちしかいない。命令さえ出ればいつでもやるという気持ちでした」と淡々と語ってくれました。

彼は、原発事故十周年取材で週刊誌のインタビューを受けています。記者は「(あの放射線に向かうのが)怖くなかったのですか」と質問しました。大量の放射線を浴びれば死に直結します。隊長の回答はたった一言でした。

「任務です」

自衛隊の活動は、怖い、怖くないではなくて、国家機能の一つとして誰かがやらなければならないという覚悟に支えられており、まさにその点においては特攻隊員と同じ心です。本当に頭が下がりました。ちなみに既述の中華網は「自衛隊は原発事故の経験がないにもかかわらず、危険を顧みず上空から四回の注水作業を行ったことは称賛に値する……」と評しています。

（4）御嶽山の噴火――中隊の絆

二〇一四（平成二十六）年九月には、御嶽山の噴火がありました。御嶽山は長野県と岐阜県の中間に位置する山です。登山者六十名が山頂に取り残されました。災害派遣担任の長野県松本駐屯地第十三普通科連隊の半分は、そのとき運が悪いことに米国での訓練で不在であり、人員が足りない状況でした。

そこで、自衛官に任官して十一日目の新隊員九名にも出動命令が出ました。鉄帽をかぶり、防弾チョッキを着て出動しました。現場を指揮した二曹の隊員に、後に当時の話を聞くとこう語ってくれました。

「千葉先輩、私はこの新兵だけは殺してはいけないと思いました。だから、できる限り手の届く範囲内で使いました。（噴火のような）何か不測の事態が起きたら、すぐに引っ張り込んで覆い被さろうと思っていました。彼らは三千メートルを超える高所で担架搬送を精一杯頑張ってくれました」

私は、彼らこそ本物の軍人だと思いました。国民を守るために命を懸けて戦う運命共同体として、部下は上司を信頼して命を預け、上司は預かった命を何があっても守ろうとする強い絆をしっかりと体現しています。家族同様の中隊の絆は、戦う組織の絶対条件であると思います。

（5）草津白根山の噴火――教官の責務

二〇一八（平成三十）年一月、群馬県草津町の草津白根山で突然、噴火が発生しました。ニュースで報道されたスキー場の監視カメラがとらえた映像には、噴石が降り注ぐ中を逃げ惑う人々の姿がありました。

この時、現地では第十二旅団の隊員が数個組に分かれてスキー訓練をやっていました。部隊自体が、被災者になったのです。噴火場所の近くで訓練していたグループの教官は、少しでも被害を軽くするため最寄りの林の中に避難を命じました。このような場合は、一番技量の高い者が先頭を進んでスキーで雪を踏みながらシュプール（コース）をつけ、残りの者がシュプールの上を続き、指揮官は落伍者を出さないように最後尾を進みます。噴石が降り注ぐ中を移動中に一人が転倒しました。転んだ隊員を守ろうと覆い被さった教官の背中を噴石が直撃しました。病院に搬送途中でI曹長は息を引き取りました。被教育者を守り切ったI曹長の殉職でした。

(6) 緊急患者輸送の任務――任半ばに殉ず

自衛隊には、航空機での緊急患者輸送の任務もあります。二〇一七（平成二十九）年五月、北部方面隊の私の元部下たちが患者輸送に出動し、函館の西に墜落しました。OBではありましたが、葬送式に参列させて頂きました。この事故で四名が亡くなり、そのうちの一名がT三曹でした。私にとって彼は、東日本大震災翌日、共に札幌丘珠（おかだま）空港を飛び立って東北の被災地を航空偵察した仲間でした。享年三十一歳でした。葬送式のあと祭壇から四人の棺が、ひとつずつ同僚の肩にのって搬出される時、なぜか最初から最後まで最敬礼を崩さなかった参列者が一人だけいました。その服装から、北海道の消防の代表者かと思われました。

事故の数か月後に開催された北海道殉職隊員追悼式で、初めてお会いしたT三曹のお母さまに「元総監の千葉さんですか。息子が生前、大津波の翌日、一緒に航空偵察に行ったことをよく話してくれました。お世話になりました」と話しかけられました。生き残った私は、申し訳なくてお悔やみの言葉もままなりませんでした。

私がギリギリ言えたことは、「お母さん。息子さんの死は無駄ではありません。命をかけて国民を守る。自衛官の模範です。誇りに思ってください」。それが精一杯でした。

一九九〇（平成二）年と二〇〇七（平成十九）年にも、沖縄の那覇駐屯地から飛び立った緊急患者輸送機が受難し、隊員が殉職しています。いずれも他の関係組織では対応できない状況における要請であり、自衛隊にしか行えない任務を遂行中の事故でした。

国民意識の変化

創設以来、一貫して我が国を守ってきた自衛隊を見てきた国民の意識は、前述のとおり湾岸戦争を契機に一気に変わりました。そして、その国民の変化が政治を変えました。正直申し上げて、それまでは「国民に自衛隊を認めてもらう時代」でした。極端に言えば、「憲法違反」「朝鮮戦争の落し児」「米軍の妾（めかけ）」「税金泥棒」などと日陰者扱いされていじめられていました。

それが湾岸戦争以降は、自衛隊を認めてくれた上で、「一緒に国を守る時代」へと大きく変わっていきました。政府広報室が行っていた「自衛隊・防衛問題に関する世論調査」を見れば、湾岸戦争後の一九九一（平成三）年が国民意識のターニングポイントになっていることがわかります

（次頁図①）。

また、「議員・官僚・警察官などの信頼感調査」（中央調査社）も国民意識を知る一つの参考になります（次頁図②）。自衛隊を含む十個の業種を挙げて、それぞれの信頼度を五段階評価の通信簿にするアンケートがあります。最新のものは二〇二一（令和三）年十一月に実施し、二〇二二（令和四）年一月に公表されました。アンケートの結果、自衛隊の総合評価は第二位の三・八でした。ちなみに、国会議員は最下位の二・五、官僚とマスコミは二・六でした。このアンケート結果は、よく見ると「評点五の大変信頼できる」のトップは自衛隊です。

この調査は過去十回やっており、自衛隊は東日本大震災以降ずっと一位でしたが、今回は二位になりました。この結果を見て私は、この世論調査は信頼できると思いました。なぜなら、新型コロナウイルスと二年間戦ってきた医療機関を国民は最も高く評価していたからです。

現代社会はインターネットなどの情報手段が発達し、情報操作も巧妙にでき、瞬時にして世論操作が可能です。このように複数の定点観測を通じて国民意識を承知しながら、国民とともにある自衛隊の指標とすることも、今後一層重要になるものと思います。

④　自衛隊の歩み

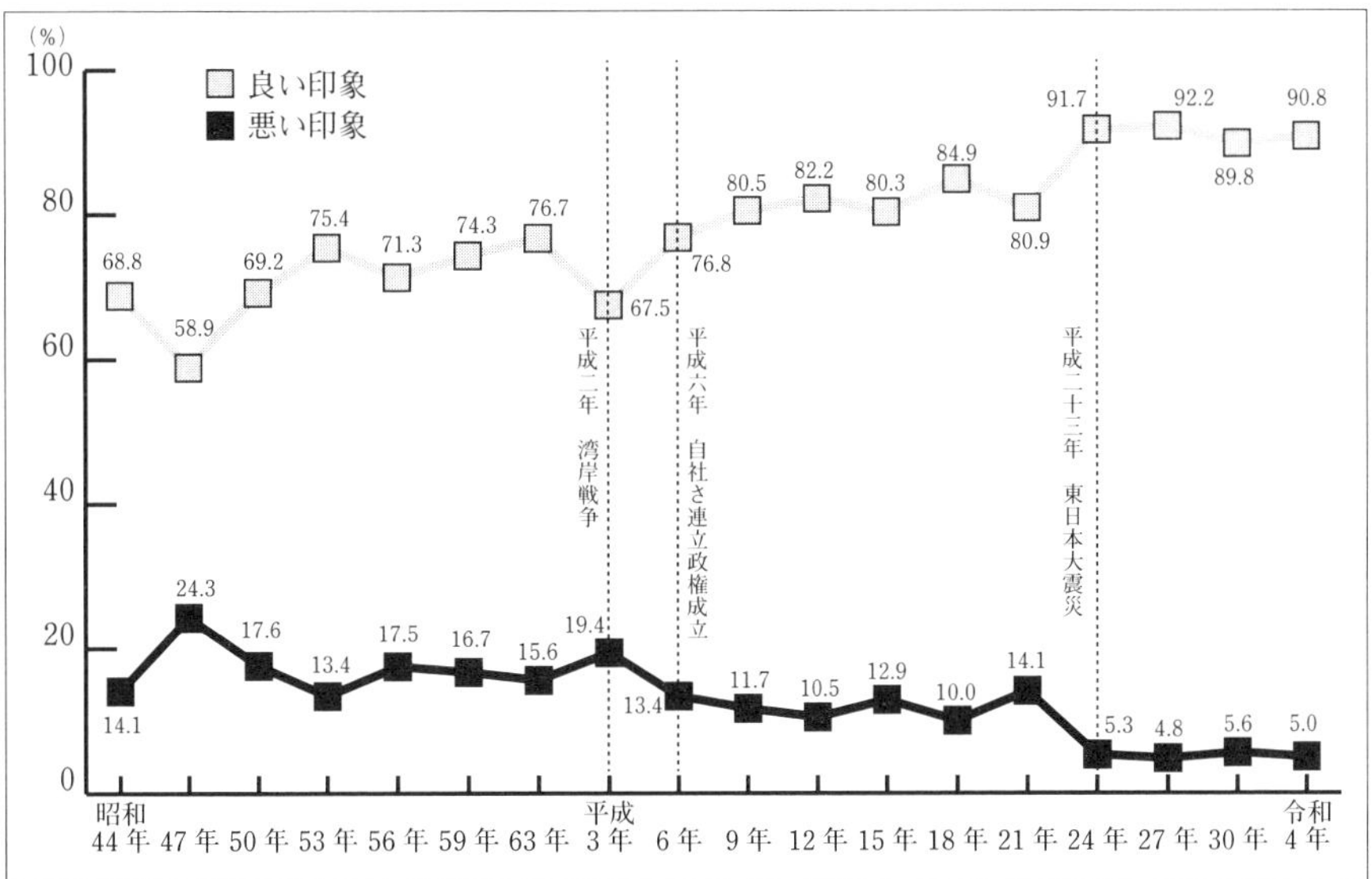

図①「自衛隊に対して、良い印象を持っているか、悪い印象を持っているか」

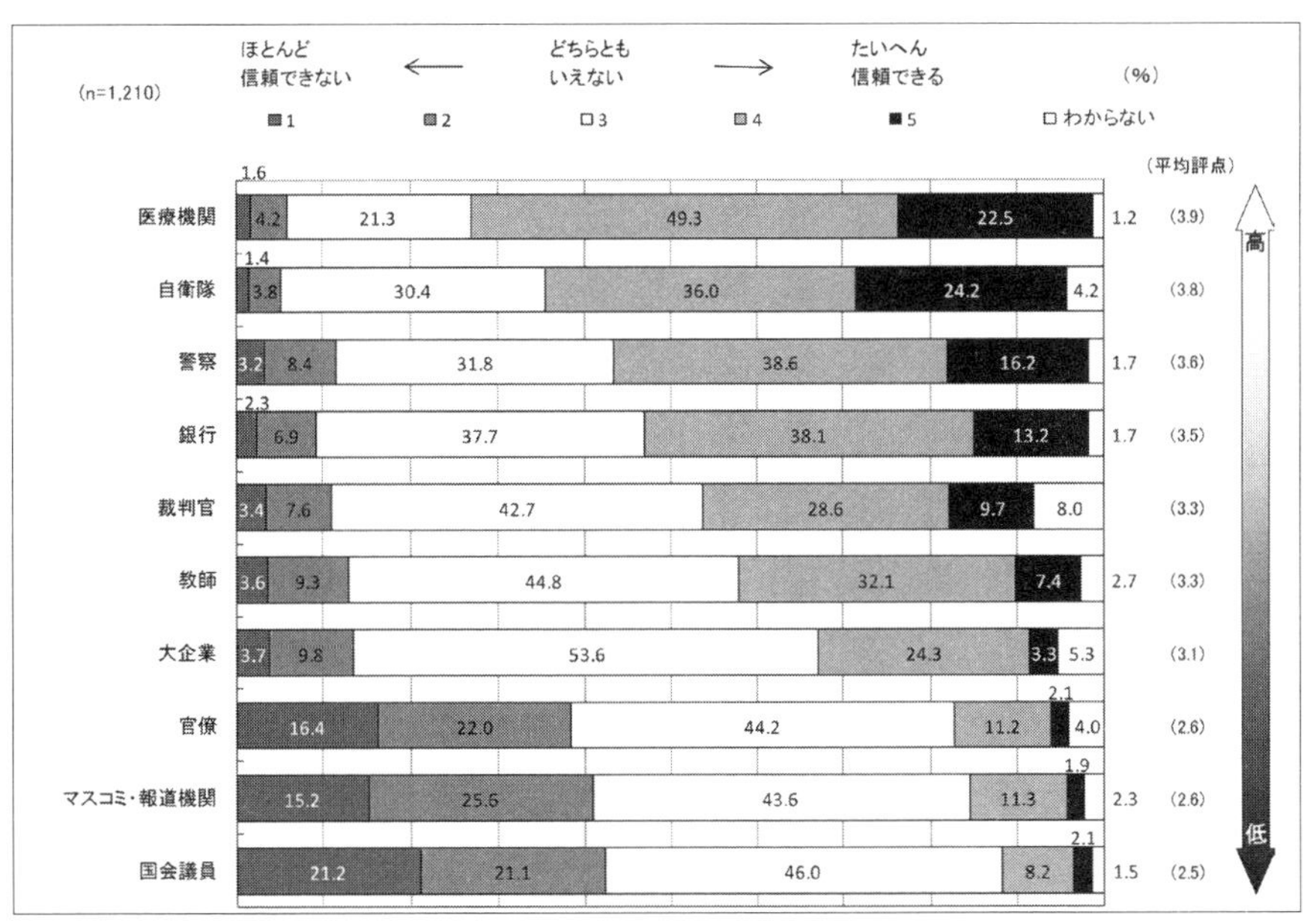

図②「それぞれの機関や団体について、どの程度信頼できると感じるか」

5 崇高な使命と隊員教育

教育の目的と目標

なぜ、自衛隊に対する国民の期待や信頼が高いのでしょうか。隊員も他の人々も生まれた時は、オギャーしか声を上げず、幼稚園、小学校、中学校と皆同じように育ち、共通の教育を受けます。義務教育を終えるとそれぞれの道に進みます。

隊員とその他の同級生との違いは、自衛隊に入ってからの教育です。自衛隊の教育の目的は、「職務遂行能力の向上」ですが、わかりやすく言えば、「国民の期待に応えられる隊員を育成すること」です。私は、その教育の具体的な目標は、**①義務教育の補完　②武器を預けられること　③命を任せられること**、であると言っています。

⑴ 義務教育の補完

義務教育の補完とは、守るべき日本とは何かを正しく教えることです。

ここまで、私は縄文時代以来の日本の歴史を述べました。そして、国難に対処した防人、武士、軍人の戦いについて説明しました。戦争に負けた日本に起こった出来事、そして、自衛隊発足以来の歩みについても簡略に述べてきました。

これらは本来、中学校までの義務教育で教わることだと考えています。なぜなら、義務教育終了までに国民としての基本となる事項を身につけ、十八歳になると主権者として選挙権を行使する責任が生じるからです。選挙で物事を正しく判断するためには、国防や自衛隊についても理解・判断することができなければなりません。

二〇一八（平成三十）年、私は北方領土の国後島(くなしり)、択捉島(えとろふ)に視察で行って参りました。島にある、国立の幼稚園を訪問する機会を得ました。幼稚園のホールの正面中央にプーチン大統領の大きな肖像画が掲げられ、両脇にはロシアの国章と国歌の歌詞が配置されていました。三歳の子どもの頃から国や大統領を教えているのです。

また前述のように三十数年前、私は家族を連れて一年間米国で暮らしました。この間、子どもを地元の幼稚園、小学校に入れました。日本人は彼らだけです。その幼稚園も小学校も毎朝必ず、米国の星条旗に敬礼させていました。このように、どこの国でも、物心がついたら自国の歴史と伝統と文化を教えて、国に誇りを持ち、国民であることに胸を張れる国民を育てているのです。

ところが、日本はどうでしょうか。占領期、日本が二度と強い国にならないようにするため、修身（道徳）・国史（日本史）・地理（世界史）の教育は禁止されました。主権が回復した後も歴史教育は是正されず、その結果、自衛官ですら守るべき日本がどのような国なのかを説明できない。さらに言えば、日の丸を掲げ、君が代を歌うことは軍国主義である、愛国心は危険な思想である、日本は悪い国であると小中学校で教わった隊員さえもいます。

一九九九（平成十一）年に日の丸を国旗とし、君が代を国歌とする法律が制定されました。

二〇〇六（平成十八）年に教育基本法が改正されて「我が国と郷土を愛する態度を養う」と明記されました。その効果もあり、義務教育が逐次改善されているとは思いますが、高工校生徒の状況で言及したようにまだまだ不十分です。

日本は世界から賞賛される素晴らしい国であり、先祖は幾多の国難を乗り越え、この国を我々に残してくれた。この国は今でも命を懸けて守る価値があり、我々はこの国を子孫に残し、申し送る責任があるということを理解させるのが、義務教育の補完としての隊員教育の第一の目標だと思います。

そして、国民全員でこの国を守り、最前線を担うのが自分たち自衛官である。このことを理解させなければ、命よりも重い使命感をもって責務を完遂する仕事に身を投ずる覚悟は生まれないと思います。

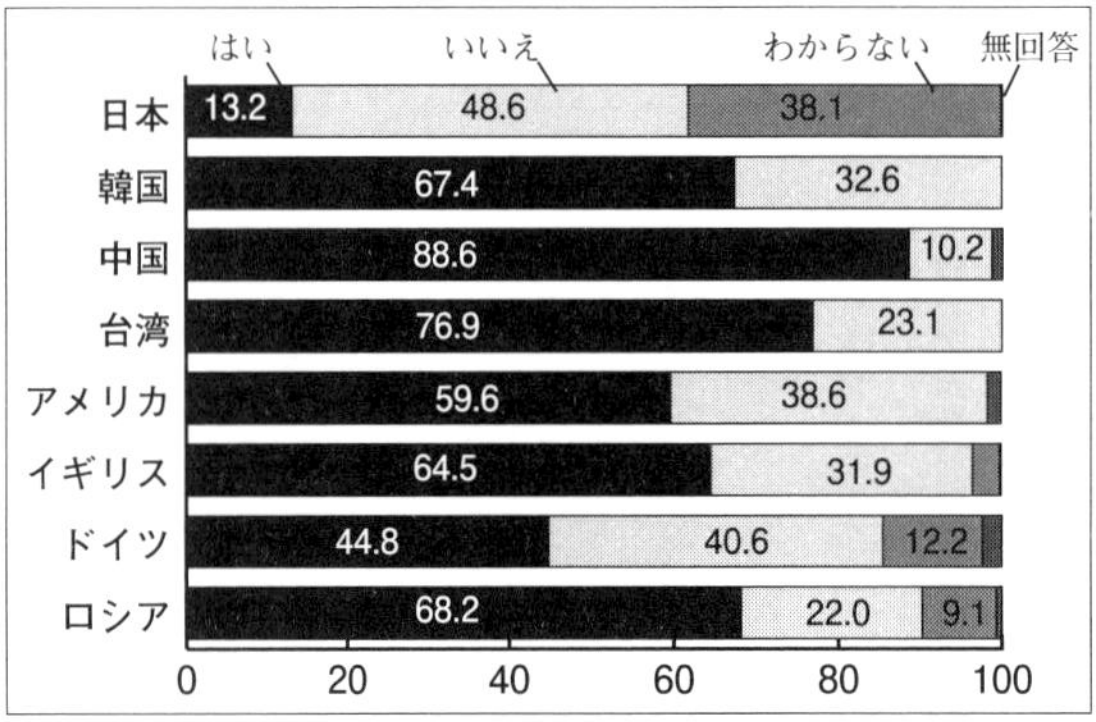

ちなみに、「もし戦争が起こったら国のために戦うか」という国際的な世論調査で、日本は、「戦う」十三・二％、「戦わない」四十八・六％、「わからない」三十八・一％です（上図参照）。この「わからない」の比率の大きさは日本独特で、義務教育で国家や戦争についてしっかりと教えていないことが大きな理由と考えます。

	はい	いいえ	わからない	無回答
日本	13.2	48.6	38.1	
韓国	67.4	32.6		
中国	88.6	10.2		
台湾	76.9	23.1		
アメリカ	59.6	38.6		
イギリス	64.5	31.9		
ドイツ	44.8	40.6	12.2	
ロシア	68.2	22.0	9.1	

0 20 40 60 80 100

「もし戦争が起こったら国のために戦うか」
（世界価値観調査　2017～2020 を基に作成）

（2）武器を預けられること

自衛官が持つ武器は、自分個人を守るための護身用ではありません。仲間を守り、国民を守るためのものです。そして、その武器は警察官の拳銃とは違い、破壊力の大きな戦車、大砲、ミサイル、護衛艦、戦闘機などを含んでいます。このような強力な武器を安心して預けられる隊員を育てなければなりません。

特に陸上自衛官は、全員が拳銃や小銃を装備し、近距離で戦闘することが想定されます。「撃てと言われたから撃ちました」ではなく、射撃する時に、自分が狙っているのが、敵か、味方か、民間人かを判断して引き金を引かなければなりません。仮に戦闘下で独りになった時でも、自分で考え、判断し、決心し、行動し、責任をとれる隊員であるからこそ、国民が信頼して武器を預けられるのです。このように、武器を預けられる者であることは、簡単で当たり前のことではなく、一人の自衛官である以前の基礎こそが重要です。

隊員教育の積み上げ

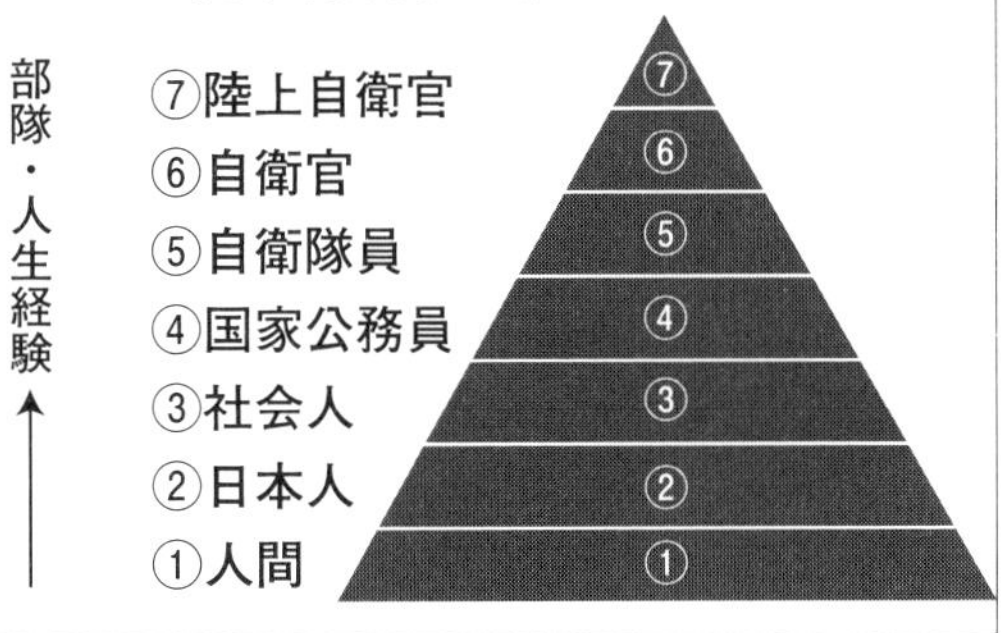

部隊・人生経験→

⑦陸上自衛官
⑥自衛官
⑤自衛隊員
④国家公務員
③社会人
②日本人
①人間

そのために私は「自衛官として行動する前に、やるべきことがある」と言っています。まず、「人間としてやるべきことをやれ、犬や猫じゃないぞ、人として恥ずかしくないか？」。次いで、「日本人としてやるべきことをやれ、外国人とは違うぞ、日本人として恥ずかしくないか？」。さらに、「社会人としてや

るべきことをやれ、子どもじゃないぞ、大人として恥ずかしくないか?」「公務員としてやるべきことをやれ、民間人とは違うぞ、国民全体への奉仕者として恥ずかしくないか?」。

以上のような基本的な段階を踏まえた上で最後に、「国民から武器を預かっているんだぞ、信頼されていることを忘れるな」と言います。この中で、「社会人として」までは、本来、家庭や学校で教わるべきことです。しかし、防大生も含めて身についていないのが実態です。いくら頭が良くても、人間としての根っこの部分ができていない人に武器は預けられません。

自衛官が引き金を引くということは、国民の信頼の上に成り立って、国家の代表としての武力行使であるという責任の重さを理解させることが大切です。

(3) 命を任せられること

自衛隊が行動する場は本来的に生命の危険を伴う状況です。自衛隊はチームで任務を遂行し、指揮官と部下の関係が必ず存在します。この場合の指揮官とは、部隊指揮官だけではなく、二人以上の隊員がいる場合に必ず存在する上位者という意味も含めてです。その指揮官に求められるのは、平時や有事、そして人数の多寡に関係なく、まずは部下を守り、無駄死にさせないという責任感です。部下を失ってしまったら、国民を守る任務は実行できないということになります。

私は、「戦闘においては、敵も必死だから最小限の戦闘損耗はやむを得ない。しかし、懲戒処分、病気、事故、自殺などの非戦闘損耗は許さない」と言っています。部下が安心して命を預けられ、信頼される指揮官とは、日頃から部下を大事にし、不要な各種損耗から守れる上司です。

そのため指揮官は部隊で一番強くなければなりません。ここでの「強い」というのは戦いにおいて生き延びる意志があることです。指揮官の責任は最後まで生き延びて部下を守り、ご家族の元へ帰すことです。すぐに斃されるような指揮官では部下が路頭に迷ってしまいます。

しかし、個人の能力には限界があるため、部下より劣る部分も当然あります。私は、そのような状況においても、使命感だけは絶対に部下に負けるなと言っています。使命感とは、一つしかない命の使い方です。地球よりも重いといわれるその命を、自分のためや身内のためではなく、部下のために、あるいは見ず知らずの国民のために代償を求めることなく使うから崇高なのです。

その使命感の発露が指揮官として、部下をもって任務を果たす強い責任感です。そして、部隊が危機や困難に陥り、部下たちが青ざめ浮足立つような時に、たとえやせ我慢してでも一歩前に出て、背中で部下を率いる指揮官に、部下はついてゆくのです。部下の不始末も含めて「全責任は、私にあります」と言い切れる、辛くて苦しい時に率先垂範できる指揮官を育てなければなりません。

隊員の行動規範

自衛官の活動は自衛隊法によって規定されています。その原点は「服務の本旨」です。

「隊員は、わが国の平和と独立を守る自衛隊の使命を自覚し、一致団結、厳正な規律を保持し、常に徳操を養い、人格を尊重し、心身をきたえ、技能をみがき、強い責任感をもつて専心その職務の遂行にあたり、事に臨んでは危険を顧みず、身をもつて責務の完遂に努め、もつて国民の負

託にこたえることを期するものとする」（法五十二条）

隊員のあらゆる活動は、この服務の本旨に収斂されています。後輩たちには、迷った時には服務の本旨に適うか否かで判断しなさいと言っています。逆に言えば、服務の本旨に合致しないことは隊員として意味のないことです。この服務の本旨を承知したうえで、隊員は服務の宣誓をします（法五十三条）。

「私は、わが国の平和と独立を守る……技能を磨き、政治的活動に関与せず、……事に臨んでは危険を顧みず、身をもつて責務の完遂に務め、もつて国民の負託にこたえることを誓います」

この宣誓書に署名捺印する時に、少なからぬ自衛官志願者が躊躇（ちゅうちょ）するのが、「事に臨んでは危険を顧みず、身をもつて責務の完遂に務め」の部分です。要するに、一つしかない命を懸けてでも、国民を守る仕事をしますという約束です。幹部となるために四年間の教育を受けた防大生も含め、この一文の重さから署名できずに去ってゆく人がいます。

総務省の統計によれば、日本には一万以上の職業名がありますが、どの職業を見渡しても、このような宣誓をする職業は他にありません。警察や消防でさえ違います。

この宣誓に込められた精神性は、古代の防人から始まって、武士、軍人、そして今日の自衛官まで連綿と受け継がれてきたものと言って過言ではありません。この理念を失ってしまえば、自衛官の価値はありません。

国民に職務遂行を誓った隊員は、具体的な規範に従います。

最初が、「隊員は、何時でも職務に従事することのできる態勢になければならない」（法五十四条）

これは、国を守るために、休暇中や夜間であっても、「命令が出たら、いつでも、どこでも、すぐに対応する」ということです。

そして、「ちょっと待って下さい」とならないために、隊員が従うべき六大義務があります。

まず、「自衛官は……指定する場所に居住しなければならない」（法五十五条）

陸上自衛隊の活動拠点は駐屯地ですから、幹部以外の自衛官は全員が駐屯地内で生活することが原則です。であるからこそ、地震などの突発事態でも直ちに行動できるのです。憲法に示す「居住の自由」は、自衛官には適用されないのです。ですが、結婚した者などは許可を受け駐屯地外に居住できます。

また、職務遂行にあたっては、「法令に従い……職務上の危険若しくは責任を回避し……許可を受けないで職務を離れてはならない」（法五十六条）

これは、危ないとわかってもやりなさい、勝手に持ち場を離れるなということです。自衛隊では、それぞれの隊員の職務遂行の総和をもって部隊の任務を達成しますので、当然のことです。

一方、警察や消防は、「危ない、退避、下がれ」というのが原則です。燃えている建物を前にして、「突っ込め」という命令は出しませんし、出してはいけないのです。数年前、千葉県の某消防署で消防士が消火活動中に殉職し、数か月後に事故調査結果が報道されました。誰の指示で燃えている建物の中に入ったかが調査の焦点でしたが、結論は本人の自己判断であろうということでした。しかし、自衛官は職務遂行のためであれば指揮官の命令により、危険を承知で「前へ！」です。

前述のように、自衛隊はチームで行動しますので上司の命令に服従することは当然です。これが「……上官の職務上の命令に忠実に従わなければならない」（法五十七条）という命令に服従する義務です。

このポイントは「職務上の命令」です。命令に盲目的に従うのではなく、法規に適った正当な命令か、否かの判断が求められます。逆に言えば、違法な命令に従った場合は、本人が責任を問われるということです。某国のＰＫＯ隊員が、違法な命令に従って民間人を射殺し、国際刑事裁判に付されています。先に述べた「撃てと言われたから、撃ちました」は通用しない所以です。

個人の自由が保障される日本ですが、隊員には品位を保つことも求められます。「品位を重んじ……信用を傷つけ……威信を損するような行為をしてはならない」（法五十八条）わかりやすく言えば、私行上の非行を慎めということです。法規違反でなければ何をやっても良いという自由ではなく、社会人として、公務員としての高い倫理観が求められます。その他に、「秘密を守る義務」（法五十九条）「職務に専念する義務」（法六十条）があります。

このように服務の本旨を始めとして、厳しい制約を法律で明記されている職業は他にありません。日本で唯一の特殊な国家機能であり、職業なのです。私は、志願制とはいえ法律で命を懸けることを要求され、それを遵守している自衛官という職業を、他の職業と一緒にしてはならないと思っています。

厳しい訓練と鬼の涙

人間が物事を行うためには、知識が必要です。しかし、知識があれば何でもできるかと言うとそうでもありません。知識を活用して知恵とし、決心することにより行動に反映されます。行動すれば結果が生じ、結果に対して責任を負う。この、知識、知恵、決心、実行、結果責任という一連の流れで行動が完結するということです。

その手順を隊員一人ひとりが踏まないと大変なことが起きます。二〇一六（平成二十八）年五月下旬に北部方面隊の某部隊で、本来、空包を使うべき訓練において、誤って実弾を使用し、複数の隊員同士が撃ち合い、二名が負傷するという前代未聞の事故が起きました。

その後、部隊で原因調査が行われ、再発防止の対策もなされたと報じられました。事故に関係した隊員たちには、自衛隊が国民の信頼のもと、特別に武器を持つことを認められた職業であるという知識は十分あったでしょう。ましてや、空包とはいえ弾薬を使用する際は、安全管理が重要であるということは自衛官にとっては常識です。実弾と空包の識別ができない自衛官がいるわけがない。しかし、実際に実弾の撃ち合いという事故は起きました。

私は講話の中で、この事故をテーマに後輩たちと事例研究をしています。事故の背景、遠因、原因、責任などを意見交換し、当事者意識を共有するのです。まず事故の認知状況を確認すると、ほとんどの後輩たちは知っています。しかし、なぜ事故が起きたと思うか、誰が悪いと思うかという質問に対し挙手する者はわずかです。情報として知ってはいるが、知恵には昇華しきっていないということでしょう。このままの状況では、将来、同様の事故が発生することが危惧されます。

私自身は報道で事故発生を知った時、驚きと同時に事故が起きた部隊や隊員に申し訳ない気持ちが湧き起こりました。それは、指揮官は部隊の行動に全責任を負うという観点からであり、かって北部方面隊の最上位指揮官であった私が、末端部隊であれ、さらに厳しい訓練を徹底していれば防げたのではないかという考えからです。

厳しい訓練とは、いかなる状況においてもやるべきことを必ずやらせることです。陸上自衛隊ではレンジャー訓練が厳しい訓練だと一般的に言われています。例えば、不眠不休で食事も制限した精神的・肉体的極限状態においても、靴紐の端末の処置を厳しく指導します。それは、たった一人の靴紐のゆるみが原因で怪我をしたり、命を落とした場合、それで任務達成が不可能になるからです。任務達成のために些細なことでも徹底してやらせるのがレンジャー訓練の本当の厳しさです。部隊の訓練も同じで、各種の制約（負荷）を克服して任務達成することを演練します。指揮官の「やるべきことがたくさんある、人が足りない、時間が足りない、物がない……、仕方がない」という職責遂行に対する受動的な姿勢が事故原因の根本だと思います。最後の「仕方がない」という指揮官の妥協的な意識が、部隊や隊員に対する甘やかしとなります。この甘やかしが、末端部隊での中途半端な訓練や、重大な事故を呼び起こす潜在的な要因になり、結果として国民の信頼を失うことになります。

よって、国民に信頼される部下を育てるため、そしてその部下を守るためには心を鬼にして、嫌われても厳しい訓練をすることです。最近の自衛隊で、このような「厳しさ」をパワハラと混同されることに危機感を覚えます。任務遂行に命がかかるという職務の特殊性を踏まえれば、訓練はもとより日々の勤務全てにおいて、隊員に確実な実行を要求する自衛隊の「厳しさ」が、世間一般とは異なるからです。この厳しさを通じて得られた規律心が隊員の命を守り、部隊の任務達成につながるのです。訓練に甘い指揮官は、部下を無駄死にさせる死神です。鬼は心で泣きながら厳しく当たりますが、死神は部下の失敗を予想できていながら薄ら笑いです。

要するに、前述の弾薬の取り扱いに関する事故発生の責任の一端は、私を含めた歴代総監の指導の甘さにあるというのが、私の後輩たちに対するコメントです。

一方、常識的に考えて、誰の責任が一番重いかといえば、引き金を引いた本人たちでしょう。仮に、「撃て」と命令されても、「待ってください。何故、仲間に実弾を撃つのですか？」と誰も言わなかったことが問題の本質です。私は、この事故の背景には、①今までと同じ訓練だから②皆がやっているから　③命令されたから、言われたから、という無意識的な集団心理があったと推測しました。

これは、太古からの日本人の行動特性である「周囲に合わせて雰囲気で動く」という習性が現れた一例だとも思います。誰も、何も考えずに行動している、すなわち知恵を働かせていなかったということです。実戦においては、まさに致命的な「隙」となります。

こうした日本人が潜在的に持つ欠点を克服するためにも、自衛官は厳しい訓練を重ね、常に自分で考え、判断し、決心し、行動し、責任をとることを身につけるのです。

状況判断と自己責任〈東日本大震災の例〉

前述のように、隊員は法令又は上司の職務上の命令に基づき行動しますが、では命令がない時にはどうするかが問題になります。後輩たちに射撃事故の事例研究に続き、命令がない場合はどう判断するかを提議します。

「一切行動しないか?」、それとも「命令がなくても自分で考えて行動するか?」。

どちらを選択するかを挙手で確認します。多くの者は命令がなくても行動することを選択しますが、その根拠を更問すると、途端に戸惑いの表情を浮かべ挙手が少なくなります。これもまた、日頃、フィーリングで判断しているという証左でしょう。

先に紹介した自衛隊法は全隊員を対象としています。陸上自衛隊ではさらに、服務規則で自衛官の行動を細部規定しています。その中に「臨機の措置」（規則十八条）という項目があります。「発令者（命令を出す者）の予測しえなかった事情が発生したため、命令の実行が不可能となるか、又は明らかに発令者の意図に反する場合で、かつ、あらゆる手段を尽しても新たな命令を受ける時間的余裕がない場合には、受令者（命令を受けた者）は、発令者の意図を明察し、大局を判断して自己の責任において臨機の措置を講じなければならない。この場合、自己のとった措置については、すみやかに発令者に報告しなければならない」。

要するに、上司と連絡が取れない時には、上司の考えを推測し、自己責任で処置をしなさいということです。これは通信の途絶とか、計画や命令の前提が崩れた場合などの不測事態における対応の考え方を示したものです。戦いを本務とする自衛隊では、死傷者が発生するのは当然です。上司が職務続行不能になった時に、「命令がないから動きませんでした」という言い訳は通用しないため、自ら考えて、判断し、決心し、行動せよという、全く常識的なことです。

ちょっと長くなりますが、その事例を紹介します。

東日本大震災が起きた三月十一日に、私は北海道の鹿追（しかおい）駐屯地で部隊視察（現場指導）をしていました。所在の全隊員に「一番早く来る災害は宮城県沖地震だぞ。その時に慌てないように今から準備をしておきなさい」という訓示を終えたのが十四時三十分でした。その後、幹部自衛官のみを集めて別の教育を開始して間もなくの大揺れでした。「今の地震はどのような地震か？」という問いかけに「遠くで、かなり強い地震が起きています」と即答した幹部がいました。「その通り。さすが幹部だな」と褒めて、数名に情報収集を指示しました。

二度目の異様な大揺れに踏ん張りながら教育を続けていると、第一報の「東北地方で震度七です」を受けました。私は「よし、来たぞ！　教育はいったん中止する。この続きは災害派遣が終わってからやろう。間違いなく災害派遣になる。直ちに、出動準備をせよ。私は札幌に戻って指揮を執る」と言って部屋を出ました。

鹿追からヘリコプターで帯広駐屯地に戻り、燃料を満タンにした後、猛吹雪の中を太平洋岸沿いに襟裳（えりも）岬～苫小牧経由で札幌に帰隊しました。このような場合、最終的に飛行を決心するのは機長の判断で、上司といえども口を出せません。運が良いことに、機長が道東地域に詳しいベテランパイロットＩ二尉で、地形を熟知しているため天候不良にもかかわらず無事、札幌に到着できました。また、飛行する間に経路上の航空偵察を終えて、視察範囲内での甚大な被害はないと判断しました。

札幌の方面総監部の指揮所に入り幕僚の報告やテレビ報道で状況を掌握したのち、私は方面隊主力をもって東北方面隊を支援することを決心しました。部下に、「北部方面隊、日本海溝・千島海溝周辺海溝型震災対処計画（総監部案）」の発動を指示し、直ちに、第一陣の増強第二師団に出動を命じました。しかしながら、この時点で、部隊の出動の根拠となる上司である防衛大臣の命令（大臣命令）は出ていませんでした。また、防衛大臣を補佐する統合幕僚長や陸上幕僚長と連絡する時間的余裕もありませんでした。

ではなぜ、決心したか。私の大局の判断はこうでした。

まず、この震災が間違いなく発災することは、防衛省及び自治体の関係者の共通の認識でした。当時は、いつ発災しても不思議ではないという待ち構えの状況でした。

私自身が、二〇〇四（平成十六）年東北方面総監部勤務時に中央防災会議の災害見積結果を受け「東北方面隊、宮城県沖地震対処計画」の全面改訂に携わりました。その時の想定地震が二通りありました。

ケース1は約三十年周期で起きる宮城県沖地震でマグニチュード八・〇クラスの震度六強、ケース2がマグニチュード八・三クラスの明治三陸津波型地震で岩手県・宮城県では二十メートル以上、青森県では十メートルを超える津波が予想されていました。東北方面隊は、二〇〇八（平成二十）年、新しい計画に基づき関係自治体も含めて「みちのくアラート二〇〇八」実動演習を実施していました。

二〇一〇（平成二十二）年八月北部方面総監に着任時、統合幕僚監部が「北海道・東北地方で震災が起きた場合の計画」を検討中と承知して、九月下旬に総監部独自での「北部方面隊震災対処計画」の早急な作成を指示しました。総監部独自での作成を指示したのは、上級部隊の計画完成を待ち、さらに関係部隊との調整に時間を費やしていると、計画完成前に震災が起きる可能性があるという切迫感からでした。

そもそも自衛隊では、前述の「自衛隊と身近な災害派遣」で触れたように、「自衛隊の災害派遣に関する訓令」で関係部隊は、準備に関する措置をとり、また派遣に際しては他部隊と協力するように示されています。総監部独自の計画は、発災三週間前の二月十八日に完成しました。出来上がった「北部方面隊、日本海溝・千島海溝周辺海溝型震災対処計画（総監部案）」を速やかに市ヶ谷、仙台、道内の関係部隊に送付させ、細部調整に移行することを指示していました。

東日本大震災派遣中の部下の激励（石巻市、３月下旬）

そのような状況下で、実際に三・一一で起きたのは、まず約三十年周期の地震が前回の発生から数えて三十三年目に起き、それに誘発されて明治三陸津波型地震が続いて起きたものと思います。私が鹿追で感じたのは二度の揺れであり、後者の揺れが強かったのも納得できましたし、同様のことを東京在住の友人も証言しています。ケース1と2の連動でマグニチュード九・〇の巨大地震です。

よって、政府・防衛省はじめ関係部隊が、今次震災に関してどの程度準備していたかは別にして、大規模な災害派遣は実施されると結論を出しました。

本来の災害派遣の手順に従えば、最高指揮官の総理大臣は、防衛大臣に対処を指示するであろう。指示を受けた防衛大臣は統合幕僚長、陸上幕僚長を通じて「対処計画」に基づいて北部方面隊に、被害甚大な東北方面隊への増援を命じるだろう。しかし、防衛省としての計画作成は多分できておらず、所要の命令・指示の発出には相当の時間が必要であろう。今、防衛大臣や陸上幕僚長に電話しても業務の阻害にこそなっても、北部方面隊の運用の細部を指示する余裕はないであろうと考えました。

一方、総理大臣や防衛大臣の災害対処に関する全般的意図は、一般的根拠として法律及び前述の訓令、それを反映した関連既定計画などに既に明示されており、その意図を具現化した北部方面隊の各種の対処計画は既に完成して、命令策定の準備はできていました。特に、今回の震災の特性は、発生は確実と予想されていた東北地域での予期された災害であり、全国から東北地方太平洋岸地域への戦力集中の速度がポイントでした。北部方面隊の増援部隊を渡海させるためには、一刻も早く部隊に行動開始させることが重要だと考えた私は、前述の対処計画に基づき私の責任において当初の行動を開始させ、事後、速やかに報告することとしました。

そして幕僚には、第一陣の第二師団が東北方面管内に上陸開始する前までに、大臣命令を受領できるように中央との調整を指示しました。これは、上陸前までは作戦の準備行動であり、増援部隊指揮官の責任で処置できるという判断からです。私は、もし、防衛大臣から北部方面隊の増援命令が発令されない時には「これは訓練である。帰隊せよ」と命じて部隊を撤収し、全ての責任を取り処罰を受ける心の準備をしました。

やや長くなりましたが、以上が、大臣命令を待つことなく「責任は俺が取る。計画を発動せよ！」と指示した所以でした。そして、とりあえず、隷下部隊が行動着手するに必要な命令と指示を終えてから、陸上幕僚長に電話で、当面の処置と事後の構想を報告しました。報告時に留意したことは「如何しましょうか？」ではなく、「このようにします」でした。北部方面隊の行動の責任を陸上幕僚長に負わせることなく、自らに留めるためです。

指揮官は、任務達成のために、何を、いつ決心するかを継続的に判断します。多くの場合、判断の根拠は法律や規則、それらに基づく計画や命令に示されています。

指揮官として真に状況判断が必要となるのは、それらの根拠の狭間に入り込んだ時です。例えば、示すべき計画に示されていない、出されるべき命令が発出されていないなどです。そのような時には、常に二階梯上位までの発令者の意図（部隊の行動目的）に立ち返ることを、後輩たちに強調しています。それによって自己の部隊に予想される任務を至当に判断でき、また、法規や既定計画、命令という上位の活動枠組みの範囲で決心できるからです。東日本大震災当時の私の場合、活動の枠組みは自衛隊法を初めとする関係法規、特に災害派遣に関する訓令であり、上司は北澤俊美防衛大臣と菅直人総理大臣でした。

ちなみに、北部方面隊からの第一陣の旭川第二師団は、たまたま、当日の午前中に師団長以下で総監部から送付された当該対処計画を研究し頭揃えを終えており、夕方には混乱なく整斉と発進することができました。

隊員の心の準備〈家族への手紙〉

自衛隊の任務や隊員の職務の特殊性、国民の大きな期待など踏まえた上で、私は一九九九（平成十一）年の連隊長勤務時代から、法律や規制を根拠に、いつ如何なる任務にも即応することを部下に要求してきました。モットーは「今日に即応し、明日に備えるために、万事、作戦を基準にやるべきことをやれ」です。

モットーは具現化しなければ価値はありませんので、最低限の一例として、**①虫歯の治療を終えて、健康診断B以上　②体力検定六級以上　③個人ロッカー内の整理　④家族への手紙　⑤冠婚葬祭をはじめとした家族孝行　⑥戦闘服通勤（手袋携行）**の六項目を明示しました。これらの六項目について、少し解説したいと思います。

第一に健康管理です。過去に三五〇名のＰＫＯ派遣隊員のうち一割以上が派遣先で虫歯が痛み、他国軍の歯科医官の支援を受けたという実例がありました。歯が痛みだすと仕事になりませんので、計画的に治療しておくことが重要です。陸上自衛隊で健康診断Ｂ判定というのは薬を飲みながら仕事をすることができる最低限のレベルを指します。以下、Ｃは病院に通わなくてはならない、Ｄは入院しなければならない状態です。つまり、Ｃ判定以下の隊員には出動命令を出せません。前述の東日本大震災では、特殊技能を持つ某隊員が現地派遣を熱望しましたが、歯科治療を終えていなかったため出動前の健康診断でＢ判定以上でなく、残念ながら現地での活躍はできなかったようです。

第二に体力管理です。陸上自衛隊では自衛官の体力に等級をつけます。六級が一番低い合格級ですが、私は最低限の六級には受かることを求めました。体力級数は自己体力を知る指標であり、大事なのは、あくまで任務遂行に必要な体力をつけておくことです。例えば、災害派遣では動けない被災者を抱え上げる体力が必要です。また、ＰＫＯで仲間が負傷して動けなくなった時には武器を片手で構えながら、もう片方の手で同僚を安全な所まで引きずる体力が必要です。小銃などの武器を片手で構えることは少し訓練をすればできるようになります。しかし、片手で人を引きずるのは容易ではありません（上写真参照）。

教育部隊視察時の学生に対する実演（写真右が著者）

第三は、日頃からの身辺整理です。隊員に万が一の事態があれば、家族が部隊に来て隊員の私物を持って帰ることになります。隊員は、一人につき一つロッカーを持っています。荷物を引き取りに来た家族が扉を開けた時に、ロッカー内がグチャグチャだったら、家族が恥をかくわけですから、いつ開けられても良いようにきちんと整頓しておきなさいと教えてきました。

第四は、家族が部隊に来て、私物品を受け取るような事態において、最後に家族に何を伝えたいのかを手紙にして宛名を明記し、部隊毎にロッカー内の定位置を決めておくよう指導しました。

第五は、家族孝行、特に冠婚葬祭です。家族にとって最も一緒に居て欲しい時であっても、隊員は任務であれば出動します。であるが故に、任務がない時にできるだけの家族孝行を心がけてほしいと思っています。特に人生一度の冠婚葬祭への参加は大切です。「仕事を休んででも冠婚葬祭には出席しなさい。仕事は同僚が代わりにできる。しかし、冠婚葬祭は代わりが効かない。その時に自分に何かあった時のことを含めて〈家族をよろしくお願いします〉と、親族に頼む場が冠婚葬祭である」と話していました。

最後に、市内から通勤する者は迷彩服を着用し、ポケットには手袋を入れておくようにと指導しました。これは、私が東北方面総監部勤務の時に、一九九五（平成七）年の阪神淡路大震災を経験した上司から指導されたことです。地震はいつ起きるかわかりませんし、その時に割れたガラスなどで手を怪我したら何もできないからです。

以上のことを常日頃から指導されていた私の仲間たちは準備ができており、東日本大地震のような場面に臨んでも緊張はしても動転した部下はいなかったと思います。彼らの最初の反応としては、「いよいよ来たか！　よし、行くぞ！」です。

この六項目には、職種も階級も年齢も関係ありません。一人ひとりの心の問題です。一番のポイントはロッカーに収める家族への手紙をきちんと書けていることです。これができている隊員は何があっても動じません。逆に、書けていない隊員は、「ちょっと待ってください。家に電話しますから」となります。

連隊長勤務時代からこのように指導しましたが、真摯な気持ちで手紙を書いた隊員ほど、自ずと健康管理、体力管理、身辺整理、家族孝行もするようになっていました。それは、いかなる任務にも即応し、事に臨んでは危険を顧みず、身をもつて責務の完遂に務め、さらに、職務上の危険を回避してはならない、という隊法に示された義務に対する肚（はら）落ちができているからだと思います。

私のこうした指導を取り上げ「自衛隊員に遺書を書かせた」と報道したマスコミや、真実を知らずに騒いだ国会議員がいたそうです。これは明らかな間違いです。特攻隊員が書いたのは文字通り遺書です。そして、前述の応急出動準備訓練の時に隊員が書いたのも遺書です。ですが、ロッカーの手紙は、いつ何を命じられても良いように、今できる準備を、今やっておくという心の準備の可視化として書いたのです。

しかし、結果として遺書になってしまうこともあります。私が師団長を下番した直後くらいに、師団の某独身隊員が休日に川の水難事故で行方不明となりました。ご家族が遠隔地から駆け付け捜索を見守りましたが、海が近いこともあり発見は断念されました。そして、ご家族は息子さんの私物品を受け取るために駐屯地に赴きました。所属中隊で息子さんのロッカーを開けた時の、お母さまの最初の一言は「どなたかが、整頓して下さったのですか？　息子は帰省した時は、いつも脱ぎっぱなしなので信じられません」であったと聞きました。立ち会いの仲間が「お母さん。我々は何時、出動命令が出されても良いように準備しています。ここにお母さん宛の手紙があります」と答えたそうです。私にこのことを通知してくれた元部下は、「やっと師団長の指導の意味がわかりました」と言っていました。

同様のことは北部方面隊で、不慮の事故で息子を失い、ある種の怒りを部隊に感じていたお父さまが、ロッカーの手紙を読んだ後に一言「大変お世話になりました。ありがとうございました」と感謝の言葉を述べて、ご遺体と共に帰省された例がありました。他にも数例耳にしましたが、ロッカーの手紙は、遺された家族の心の慰めにもなっているようです。それは言葉にはできない、留守家族に対する最後の思いやりでもあるのです。

ここからは私が現役を退いてからの話ですが、二〇一六（平成二十八）年に先に述べた六項目以外に付け加えたのが、自分が狙った目標に弾が当たるという射撃の練度と救急法の体得です。付加した理由の一つ目は、空母を第一線に配備するようになった中国の脅威の拡大であり、それまで以上に偶発的に、いつ何が起きてもおかしくない状況になったという考えからです。そしてもう一つの理由は、PKO活動において「駆けつけ警護」という任務が新たに付与されたからです。日本人が暴徒に取り囲まれ、それを助けに行くとします。この時、現場では既に銃撃が行われていることが想定されるわけですから、助けに行くということは撃ち合いが始まることを意味します。

つまり、「駆けつけ警護」ではかなりの確率で人的損耗が出ることが予想されるのです。

これに対して、テレビのニュースでPKOの南スーダン派遣部隊の訓練視察を終えた防衛大臣が「安全を確認できたから、駆けつけ警護任務を付与する」と発言したことがあったようですが、現実の厳しさを理解していないと言わざるを得ません。安全とは、脅威とそれへの対策による相

南スーダンＰＫＯへ出発する部下を見送る著者（平成24年）

対的で流動的なものであり、現場でしか判断できないことなのです。

また、政治家は、一晩で掌（てのひら）を返します。極論すれば、法律や規則は一晩あればつくれます。しかし、自衛官の練度は一朝一夕では高めることができません。日頃から厳しい訓練を重ねていなければ、いざという時に動けません。いわゆる精強な自衛官とは、自らの地位・役割を自覚し、いかなる状況においてもやるべきことをキッチリとやれる自衛官であり、そのためには新たな二項目も含めて心の準備ができていることが条件になると思います。

自衛官は〝アンパンマン〟

後輩たちに、「皆さんは、三歳の子ども、幼稚園の年少組の子どもに、自衛隊や自衛官を何と説明しますか？」と質問すると、「国を守るヒーロー」「平和を守る」「みんなが無事に暮らすことを守る」と、返答があります。

私が退官して二年ほど経た十二月下旬、東北地方の某駐屯地での講話の際に「子どもたちに自衛官という仕事を何と教えますか？」と問いかけたところ、ある自衛官が、本書「はじめに」で紹介したように、「アンパンマン」と回答しました。私はこの回答を受け、頭に一撃を食らった思いでした。大勢の聴講者の中で唯一人、挙手をする勇気と実行力、自衛官の本質をアンパンマンと捉えているすごい二曹がいたのです。

三歳の子どもに、「国」とか、「平和」と言っても、わかるはずがありません。しかし、アンパンマンなら三歳の子どもでもわかります。アンパンマンは、村をパトロールし、バイキンマンが悪いことをしたらやっつける正義の味方、ヒーローです。そして、さらに大切なことがあります。アンパンマンは、お腹が空いている人がいたら、自分のホッペをちぎって食べさせます。隊員の宣誓文にある「事に臨んでは危険を顧みず、身をもつて責務を完遂する」という、究極の自己犠牲をもって国民を守ることをアンパンマンの姿で教えたのです。固い法律用語である知識を、三歳児でもわかるように噛み砕いて教える知恵があったので、坊やを納得させることができたのです。

それ以来、私は彼の言葉を借りて、「自衛官はアンパンマンだ」と伝えるようにしています。同じようなヒーローでも、ゴレンジャーやスーパーマンではダメです。自衛官を表現するならば、自分の身をちぎって食べさせる、アンパンマンでなければなりません。

彼の話を聞いて改めてアンパンマンを勉強してみました。衝撃的だったのが「アンパンマンのマーチ」の歌詞でした。作者のやなせたかし氏は、先の大戦で弟さんを亡くされ、その思いを描いたとも言われています。今一度、歌詞を見て下さい。漢字に直してみましたが、幼児に理解できる言葉ではなく、大人への言葉です。

《そうだ！　嬉しいんだ　生きる喜び、たとえ胸の傷が痛んでも、何の為に生まれて何をして生きるのか、答えられないなんて　そんなのは嫌だ！　今を生きることで　熱いこころ燃える、だから君は行くんだ　微笑んで。そうだ！　嬉しいんだ　生きる喜び　たとえ胸の傷が痛んでも。嗚呼アンパンマン優しい君は、行け！　皆の夢守る為、何が君の幸せ　何をして喜ぶ解らないまま終わる　そんなのは嫌だ！》

この歌詞は、生きるために生まれてきたにもかかわらず、家族や国を守るために飛び立った特攻隊員たちの心情を代弁しているように感じませんか？

ちなみに、私は「アンパンマン」の前は、自衛官とは「手の爪」と説明していました。誰もが持っていて、最後に自分を守るために使うのが爪だからです。しかし、「アンパンマン」が最もしっくりくるため、今でも彼の表現を借用して説明しています。

6　平和を守る戦い

隊員の心に隙はないか

隊員一人ひとりが、悠久の歴史の流れにおける自分の立ち位置を理解することにより、いま自分が何をなすべきかを具体化できます。そのためにはこれまで述べてきたようなことはとても大切です。すなわち、①どのような歴史を経て現在の日本があるのか　②これまで誰がどのようにこの日本を守ったのか　③自衛官の特性、他の職業との決定的な差は何か　④自衛隊に対する国民の信頼と期待は如何ほどか　⑤所属部隊の任務分析と自分の職務分析（何をなすべきか）はできているか　⑥いつ、いかなる職務命令にも、即時に対応できるように物心両面の準備は具体的にされているか。

ここでのポイントは、⑤の職務分析です。職務分析はチームの目的達成のために、メンバーのベクトルを合わせることです。これによって、自分の努力目標を明確にして、部隊の任務達成に最大限に貢献できます。

そして、分析された職務とそれに対する決意は極めて重要です。それを具体的な行動に表したものが、個人ロッカーに収める家族への手紙です。前述の通り、この手紙は、心の準備を可視化した「決意」そのものであり、毎日、ロッカーを開けるたびに、「心に隙はないか」「職務の原点を忘れていないか」と自問するためのものでもあります。

職務に対する自覚のできている隊員は、勤務時間外であろうが休暇中であろうが、飲酒中であっても、常にさりげなく、自然体で、自衛隊の任務に関わるようなあらゆる情報にセンサーを向けています。それが身についているのです。そして、何か起きた時には、自らの判断と責任で自主的に行動に移ります。平和を守る戦士の心には隙がなく、傍目には余裕すら感じるのです。

このような隊員の心構えそのものが国防力の原点です。すぐれた戦略、豊富な近代的な物的戦力なども、究極において隊員一人ひとりの職務に対する覚悟によって戦力化されるのです。

家族との間に隙はないか

災害発生など、たとえ隊員家族が困難な状況でも出動するのが自衛隊です。そのような時に、隊員の支えとなるのが、家族の職務に対する理解と協力であり、「（家のことは心配しないで）アンパンマン、行ってらっしゃい」という言葉なのです。

そのためにはまず、隊員自らが家族に対し職業と役割を説明しておくことが重要です。そして、日頃から実践することです。家庭は隊員の活動基盤であり、全体重を支える足の裏と同じです。足の裏にトゲが刺さっていては踏ん張れないように、自分を支えてくれる家族に心配事があると、後ろ髪を引かれて職務に集中することはできません。家族の問題を軽減解決して、初めて厳しい職務に向かうことができます。

隊員の職務遂行能力は、家族の状況を含めたものであり、言葉を変えれば、家庭の状況を見れば、隊員の活動の限界がわかります。よって、独身の後輩たちには、伴侶を得るときは必ず自衛官の職務についての了解を得なさいと助言しています。隊員にとって配偶者の理解は、家庭維持と職務従事を両立させるための絶対条件です。多くの日本人は、学校で自衛隊の任務の特殊性を教わっていませんので理解できていないのです。家族、特に伴侶との間に隙があると、足元がグラつきます。

このように、職務を全うしようと思うなら、まず家庭を守る。さらに言えば、家庭を守れない隊員には、国を守れません。家族としっかりスクラムを組んでいる隊員が、職務に邁進できるの

総監部「家族の日」の家族による職場見学（平成 23 年）

です。

また、部隊は隊員のご家族の理解を得ることも任務の一つと捉えて、公務の枠組みで職場見学会などを開き、ご家族に隊員の上司、同僚、部下を知ってもらうことが必要です。このことは、程度や要領の差はあれ、「できれば」ではなく、「必ず」実施することが大切です。

さらには、法務や医務などに関する部隊の組織力を最大に活用して、隊員のご家族が抱える問題の解消を図ることができれば、それによりご家族の部隊に対する理解と信頼を深めることになり、結果として、隊員とそのご家族との隙を小さくできます。指揮官の責任感の本気度が隊員とご家族に伝わります。

隊員ご家族を守れる部隊であってはじめて、隊員が安心して任務達成に邁進できるのです。

国民との間に隙はないか

自衛隊は自己完結型組織と言われますが、国家の一機能にすぎません。他の組織と連携することにより、はじめて国防の中核としての役割を果たすことができます。このことは二〇二二（令和四）年末に策定された国家安全保障戦略及び国家防衛戦略を読めば一目瞭然です。国家の総合的な防衛態勢をつくる。そのためには、法的な枠組みを整備し、各省庁、自治体、公的機関、民間団体との連携、役割分担が具体化されることが必要です。

特に大事なのは国民や自治体との一体感です。東日本大震災時、私が、最初に出動を命じた第二師団の管内には部隊が駐屯するE町があり、そこには隊員が八百名ほどいました。当日、発災間もなく部隊は私の命令で出動準備に入りました。当時の町長はSさんという方でした。S町長は、部隊が慌ただしく出動準備している状況を自ら駐屯地正門から確認して、役場の職員を集合させました。そして、「これから部隊が出動する。残る家族を守る態勢をとれ」と命じました。

こちらがお願いする前に、町長さんが町を指揮して、部隊を送り出す準備と留守家族を支援する準備をしてくれたのです。その結果、隊員たちは安心して出動することができました。さらにE町では災害派遣任務を終えて帰って来た時に、自衛隊協力団体を巻き込んだ感謝の宴を、留守家族まで招いて催してくれました。この例こそが、自治体と自衛隊の間に隙がない状態だと思います。これはS町長だからこそできたことかもしれませんが、本来は日本中の全自治体ができなければならないのです。

また、二〇一六（平成二十八）年の熊本地震の際、某隊員はご家族とともに自宅で被災し、職務上の必要性から直ちに戦闘服に着替え出勤準備しました。しかし、乳幼児たちを抱えた妻一人での夜間避難は無理であったため、出勤途中に家族を避難所まで届けようと避難準備をしている矢先に、日頃あいさつを交わす程度の近隣の男性が自宅を訪れ、「あなたはすぐに部隊に行きなさい。ご家族は私が責任をもって避難させてやる」と言ってくれました。これは地域住民の理解に支えられている自衛官の姿であり、本来の国民と自衛官の関係であるべきでしょう。

しかし、「日本が外国から侵略された場合、どうしますか」と問いかける世論調査（政府広報室　令和五年三月）では、「自衛隊に志願する」「志願しないものの、何らかの方法で自衛隊を支援する」が約半数を占めるのに対し、「何ともいえない」が二十四・三％です。隊員とその家族を支える国民の基盤の四分の一以上に脆弱性があるのです。

国民が一体となって国を守るという態勢、特に隊員や留守家族に対する自治体の密接なサポート、地域住民の理解と協力が自衛隊の能力発揮には不可欠なのです。新たに部隊の配備が進む南西諸島地域においても、E町などと同様な理解と支援の促進が期待されます。

日米同盟に隙はないか

毎年一月、習志野駐屯地の第一空挺団が「降下訓練始め」を実施します。二〇二〇（令和二）年一月、米陸軍第八十二空挺師団が初めて参加しました。これまでも沖縄駐留の米軍部隊が参加したことはあります。しかし、アメリカ本土の現役部隊が参加したのはこの時が初めてでした。これを知った私は軽い驚きを感じました。なぜなら、この訓練の二週間前に、この空挺部隊の一部は中東地域に急遽派遣されていたからです。私は、実際の軍事作戦に部隊を送りながら、日本の空挺部隊の演習にも部隊を参加させている意義は何かと考えました。おそらくその狙いは日米軍事同盟に隙がないことを見せるためです。「アメリカはいざという時、日本にいつでも駆け付けるぞ」というメッセージです。

冒頭でも述べたとおり、米軍や自衛隊にとって、訓練や演習とは、単なる訓練ではなく、平和を守る実戦なのです。そして今年（二〇二三年）は、米国と同盟関係の英国、豪州の空挺部隊もこの訓練に参加しました。

日本は周囲を中国、ロシア、北朝鮮という国際的なルールを無視または軽視している核武装国家に取り囲まれ、一国での防衛は成り立ちません。そのために戦略的な集団防衛によって抑止と対処の態勢を取っています。その基軸が日米安保体制です。日米同盟を中核として、米国の同盟国・同志国との連携を強化しています。安倍元総理が策定した国家安全保障戦略のもと、インド太平洋地域の平和と安定を守る戦略的態勢が見える形で強化されることに安心感を覚えます。

ちなみに、世論調査では「日米安全保障条約が日本の平和と安全に役立っている」が八十九・七%。また、「日米安全保障条約を続け、自衛隊で日本の安全を守るべき」が九十・九%です。

隙を見せない戦い

以上の四つの隙を狙って楔（くさび）を打ち込もうとしているのが中国、北朝鮮、ロシアといった国々です。これらの国々は、団結した日本人がどれだけ強いかということを知っています。日本人が潜在的に持つ強い共同体意識を目覚めさせず、復活させないために隊員やその家族、地域社会や国民に対し、心理、文化、市民活動、日常生活、政治、軍事、経済、外交、教育などあらゆる分野・

手段で静かな攻勢をかけているのです。家族であれ、地域社会であれ、一人ひとり、個別に分断されると弱点を呈する日本人にとって対処の難しい戦いです。

逆に、国民一人ひとりが、この弱点があることを再認識して、家族の、地域社会の、そして国民の絆を取り戻して、隙をなくすことが平和を守る戦いだと思います。藤井棋士のように、相手に攻め入る隙を見せなければ負けません。

7 国民とともにある自衛隊

まだ間に合う日本再生

有史以来、初めて国土防衛戦に敗れ、勝者に服従しての国家再建から七十年以上を経た日本。世界一自由で、ある程度豊かで安全な国になりましたが、歪みが見えています。

これまで述べてきたように、もともと日本は自然崇拝と人の絆を基本としていた社会でした。そこに、唯一神と個人との契約を背景とする欧米型の民主主義が持ち込まれたことによるギャップが今の日本には見られます。自然崇拝の日本人には唯一神の概念が定着しなかったため、個人の権利の部分だけが浸透したということです。日本は中途半端な民主主義社会となり、極論すれば、利己的な個人主義が跋扈（ばっこ）し、個人の権利を保障している所属集団への義務や責任が軽視されているのではないでしょうか。現実に、家族よりも自分の欲求を優先した結果の家庭崩壊や、地域社会の連帯の希薄化が問題となっています。

そのような中、日本人の精神性の高さが表れたのが、先の東日本大震災の時です。あのとき、日本人の行動が世界中から賞賛されました。なぜ、これほどの事態の中でも、パニックや暴動が起きないのか。どうしてこれだけ冷静に動けるのか――。世界の人にはよく理解できませんでした。

東北地方の被災地では、発災と同時に、消防団員が海岸に向かって走り、堤防と堤防の間の水門を閉めて回りました。そして、住民の避難誘導を行いました。あの震災で、約三百名の消防団員が殉職しています。

南三陸町の女性職員は、最後まで避難を喚起する放送を続け、津波に呑み込まれました。また、ある場所では、うら若い女性のご遺体が女の子を抱えたままの状態で発見、掘り出されました。死んでも我が子を離さないという強い思いが伝わってきます。

福島県の高校二年の男子生徒は、一度避難したにもかかわらず、取り残されたおばあちゃんを捜しに出ました。途中で近所の老人二人を助けたものの、結局本人が戻って来ることはありませんでした。

避難所でも、救援物資の奪い合いは起こりませんでした。食事が配られても、すぐには食べずに老人や子どもを優先して譲り合いました。子どもたちのお小遣いや貯金箱からも含め、全国各地から義援金が何十億円と集まりました。若い人を中心に、被災地にボランティアがどんどん入っていきました。

こうした一連の光景を目の当たりにして、世界の人々は驚きを隠せませんでした。東日本大震災以前に、世界各地では様々な事件や事故、災害が起きました。こうした事態に直面した時、欧米のみならず、韓国でも中国でもパニックなどが起きていましたが、日本だけは様相が違ったので、すぐに気付いたのです。

個人的なことですが、発災から五日後の三月十六日、天皇陛下のビデオメッセージがテレビ放送された時、私は執務室でお言葉を拝聴しながら日本中の喧騒が一瞬にして鎮まる強い気配を感じました。「これで何とかなる。国民はこの悲劇に耐えられる」という根拠のない不思議な勇気と自信が湧き起こりました。そして思わずテレビ画面の天皇陛下に対して最敬礼をしました。

歴史において、この国を守ってきた先人たちが残そうと思った国の姿が、大震災の時に見えた日本だったのではないでしょうか。

天皇陛下は、ビデオメッセージで次のようにお言葉を述べられました。

《……海外においては、この深い悲しみの中で、日本人が、取り乱すことなく助け合い、秩序ある対応を示していることに触れた論調も多いと聞いています。これからも皆が相携え、いたわり合って、この不幸な時期を乗り越えることを衷心より願っています。……》

私は後輩たちに、「まだ日本は間に合うぞ」とよく話します。「一万数千年前から培ってきた日本人の、危難に際して助け合う、譲り合う、守り合うというＤＮＡは、完全には破壊されていません。先祖から受け継いだ共同体意識の絆は、潜在的に健在です。共同体の一番小さな構成単位が家族であり、陸上自衛隊の部隊であれば中隊が家族です。家族の絆の強さこそが、日本の強みの根源です。それをもう一度思い起こし、日本人すら気づいていない日本人の良さをもう一度認識しなさい。すばらしい部隊、すばらしい国ができるぞ」と話をしています。

戦後の民主主義は日本に個人の尊重を根付かせました。同時に集団を大事にしようという資質も残っているのが今の日本です。「これを合体すれば良いのではないか。集団は個人を大切にし、個人は帰属する集団を大切にする。精強な部隊ができる。素晴らしい国になるぞ。そこに目を覚ませ」と私は言っているのです。それはつまり、欧米型民主主義の良さと日本古来の価値観を組み合わせる国造りです。現在の日本社会に、忘れかけている絆を取り戻すのです。まだ、チャンスはあると思います。

ちなみに、前述の若い世代の意識の国際比較では、「自国民である誇り。自国のために役立つことをしたいと思う。規範意識を持っている」では諸外国の若者と同程度か、日本が一番です。

主権国家としての憲法改正

緊急事態条項なども含めて、多角的な視点から憲法改正が話題となっています。前述の通り、憲法制定時は軍事占領下であり、ＧＨＱの方針には逆らえない状況でした。なおかつＧＨＱによる憲法起草の前提には、将来は戦いのない平和な国際社会が実現するという理想と希望がありました。それにより、主権国家にとって最も大事な国防という機能を放棄させられました。それが憲法の前文であり第九条です。「平和を愛する諸国民の公正と信義に信頼して、われらの安全と生存を保持しようと決意した」（前文）、「国権の発動たる戦争と……武力の行使は……永久に放棄する。……陸海空軍その他の戦力は、これを保持しない。国の交戦権は、これを認めない」（九条）

しかしながら実際のところは、憲法が成立した直後から、冷戦が始まり朝鮮戦争やベトナム戦争などの代理戦争が起きました。軍事力の必要性と重要性は増すばかりでした。この現実に直面した日本は、日米安保条約による米軍と憲法解釈論で創設した自衛隊で対応してきました。冷戦終結後は絶えることのない地域紛争や民族紛争です。自衛隊は国際社会の平和と安定の維持にも参加し、世界から高い評価を受け、国民の信頼を得てきました。そして、自衛隊は国際社会では軍隊として認識されています。

その結果、憲法の文言と現実に大きな乖離・歪みが生じています。

まず、主権者である国民自身が、国を守る責任があることを認識できていません。個人の安心・安全は声高に要求するが、国民を保護している国家自体に思いが至らないという、未熟な主権者を生んでいるのです。例えば、令和四年参議院選挙の投票率は五十二％で、約半数の主権者が意思表示していません。地方選挙では三十％程度の投票率のことも珍しくありません。さらに、繰り返しになりますが、自国が戦争になった際の態度は、「戦う」が十三％で世界最低、「戦わない」が四十九％で世界最高です。国政に関心がなければ、当然、国防の重要性を認識できません。

また、憲法九条を素直に読めば、自衛隊の存在は完全に矛盾しています。国際社会からも国民からも実質、軍隊と見られていますので、「自衛隊は合憲だと思いますか。違憲だと思いますか」と問うたところ、多くの国民が違憲だと答えています。今から三十年前よりは合憲だと考える人が増えましたが、それでも三分の一の国民は「違憲なのではないか」と思っています。当然です。一般国民は、「戦力」と「自衛のための限界を超えない必要最小限の実力」の違いを理解も説明もできません。

憲法は本来、主権者たる国民のためのものであり、憲法学者や政治家のものではありません。中学校までの義務教育を終えた主権者が読んで理解できる条文であるべきです。

この歪みを無くすために、今こそ憲法改正が必要です。

そのためにはまず、主権国家として自らの国は自ら守るという意志を前文に書き込むべきです。これにより、

①主権者である国民の当事者意識を啓発できます。国を守ることは主権者全体の責任であり、自衛隊は国民の代表として軍事的専門機能を担任するという整理ができます。

②国家機能として軍事力を保持することができます。この部分を第九条に反映できます。憲法に自衛隊の存在の根拠ができ、「自衛隊違憲論」に終止符が打たれます。隊員が誇りをもって勤務できます。

③自衛官を憲法第九条に位置づけられた特殊な職業と明確化して、その処遇を改めることができます。現状として、自衛隊法で隊員に職務上の危険不回避の義務を規定しながら、その処遇は一般公務員と同じです。これでは、自衛隊の特殊性を無視し、隊員、特に自衛官の生命を軽視しているも同然です。法律を改正して、武器を扱う自衛官と一般公務員との違いを明確にし、自衛官に相応しい処遇をすべきです。一例としては、年金ではなく恩給を支給することです。

年金は国民が積み立てたお金を個人に還元しますが、恩給は、国のため身命を賭して尽くした者や、その遺族に対する国からの手当です。処遇の違いが自衛官の士気を高めるのです。

厳しい国際環境や日本の労働者人口が減少する中で、国防の機能を維持するためには、国民の意識改革、自衛隊の位置づけの明確化、そして自衛官の処遇改善が必要であり、その根本となるのが憲法改正なのです。

教育の立て直し

二〇二二（令和四）年七月安倍元総理が凶弾に斃れたとき、私は、これは日本の教育の問題だと瞬間的に思いました。犯人のことを、思いを果たすことによって社会秩序が破壊されることに躊躇(ためら)いがない利己主義の典型と感じたのです。個人の自由には、その自由を保障している社会を維持するという義務を伴います。あの事件は、そのような考えを持っていない人間によって起こされたと思ったのです。

社会的動物のヒトと他の動物の違いの一つが、環境への適応能力の高さだと思います。言い換えれば、人間の成長とは、所属集団の特性に合わせて、自らを形成してゆくことではないでしょうか。そして、集団の目的達成のために、より望ましい構成員を育成することが教育の本質だと思います。

子どもは、生まれたときから親を真似て生活し、社会へ踏み出す準備をします。家庭教育です。この家庭教育は義務教育が終わる十五歳までは保護者の責任です。義務教育では国民として最小限度必要な知識と教養を身に着け、社会へと旅立ちます。家庭での躾を基礎として、学校教育で知識という肉付けをし、社会で発展させるイメージです。三つ子の魂百までとか、子を見れば親の姿が目に浮かぶといわれる所以でしょう。この家庭教育の稚拙さが共同体意識の希薄さを生み、個人の権利に偏った学校教育が未熟な社会人を生み出しているのではないでしょうか。

これを解決するためには、ＧＨＱが占領施策のために禁止し排除した教育を復活させることだと思います。日本の歴史・伝統・文化・慣習に根差した価値観を理解させ、日本人としての誇りを持たせることが最も重要です。これはつまり、忘れかけている共同体意識の覚醒であり、人間社会の絆の大切さを共有することです。具体的には学校で、道徳（修身）・歴史（日本史）・地理（世界史）を正しく教えることです。この際、日本の歴史の負の部分もしっかり教えることも重要です。民族の歴史を知ることにより、現在を生きる自分が何をなすべきかが認識できるでしょう。その知見を持った親たちが家庭教育を担うのです。家庭は家族で守り、国は国民全員で守ることを教えるのです。

世論調査では八十九・三％が教育の場で国防を取り上げる必要性を示しています。

また、日本人の特性は、共同体内では美徳であっても、他民族や外国との交渉においては弱点となり、隙となりかねません。グローバルな社会では、主体性をもって自ら考え、問題を明らかにして、解決策を見出し、決心し、行動し、責任を負える能力を身につけることが必要です。

これは、先に述べた明治政府が義務教育を国民に課した狙いと同じようなものと思います。国際化の荒波に立ち向かうとき、欧米諸国とのギャップを克服させるために、まずは日本の価値観を再認識させました。無意識の意識化です。それによって、日本人としてのアイデンティティの確立（目覚め）を図ったのです。

民主主義の最大の脅威（危険）は、主権者が国家に無関心になり、一部の政治勢力が組織票で政治を支配することと言われます。日本の戦後民主主義の欠点と島国共同体の潜在的な弱点による負のスパイラルを断ち切るには、家庭・学校・地域社会の教育改革による国民教育の立て直しが必要であると思います。

鉄の女宰相サッチャー英首相は、英国人としての誇りを取り戻すため、歴史教育を重視した教育改革で英国を立て直しました。

日本は軍事占領下で、占領目的達成のために制定された教育基本法を改正して、「我が国や郷土を愛する態度を養う」を再び謳うまで約六十年かかりました。国民の失われた誇りを取り戻すにはこれから約四十年かかるでしょう。ですが、まだ間に合います。戦後約六十年にわたり続いた「日の丸や君が代は軍国主義である。愛国心は危険な思想である」など軍事占領下の教育の延長で受けた影響を、改正された教育基本法のもと、六十年かけて払拭すれば良いのです。

戦うためだけなら愛国心は要りませんが、国を守るには愛国心が不可欠です。愛国心を育むには国の歴史を学ぶことです。正しい主権者意識を持たせ、国の平和と独立を守る一義的責任を理解させることです。そのような教育を受けた国民の中から、自ら志願して武器を預かる若者が集まるのです。これが、世界から賞賛される日本を守り、次世代に引き継ぐことになるのです。教育こそが国家の大計です。

おわりに

島国で自然発生的に始まった日本は、太古から戦いを知らず、「平和と水はタダである」という感覚が根付いているように思います。有史以来たった一度きりの他民族による軍事支配という衝撃を受けても、災禍にはひたすら耐え忍ぶという民族の特性からか、その思い込みは変わっていないようです。

しかし、現実の人類の歴史は弱肉強食の連続です。

現在、平和を守る戦いに失敗したウクライナは、独立を守るために必死になって戦っています。ウクライナ国民一人ひとりが国を守ることを自明の理とし、それに支えられた兵士が一歩も退くことなく戦うからこそ、民主主義世界の友好国が支援しています。

私は個人的に、この戦争を「第三次世界大戦」と呼んでいます。なぜならば、世界はウクライナを支援する側とロシアを支援する側とに二分されて、一年以上にわたり戦っているからです。戦争の形態が変わり、戦場が限定された世界戦争です。日本も、ウクライナに装備品を送り、経済支援をすることでこの戦争に参加しています。

もしもこの戦争でロシアが勝ったら、次はバルト三国に同じことが起きるでしょう。続いて、スカンジナビア半島のフィンランド、スウェーデンも危機に直面します。

さらには、それを見た中国が、台湾に対して同じような手に打って出る事態も十分予測され、日本にとって決して他人事ではありません。そして、北朝鮮もその真似をして、核兵器を使って国家目標達成を企てるでしょう。

こうした力による現状変更の連鎖を止めるため、この戦争はたとえウクライナの国土が小さくなるようなことがあっても、時間がかかっても、決してロシアに勝たせてはいけないのです。最後は侵攻目的を断念させなければなりません。二十一世紀における世界の未来がかかっている戦争です。

そして、望ましいのはロシアの核兵器を国際管理下に置いて、他の核兵器保有国が二度と同じような過ちを起こさないようにすることです。今それが問われています。このような状況において日本がまずやるべきことは、ウクライナが負けないように全面的に支援することでしょう。

そして同時に、この戦争から戦いを起こさせない備えの重要性を学ぶことです。

ウクライナ戦争を機に日本は、防衛力の抜本的な強化を図っています。国家安全保障戦略を具現化するため、抑止に必要な予算を増やし、部隊を編成し、装備品を導入します。この抑止力を最大に発揮するためには、国民一人ひとりが国防に対する主権者意識を持ち、抑止と対処の中核となる自衛隊と一体となって、総合的な防衛態勢を構築することです。

繰り返しになりますが、国家全体で隙をつくらないことが大事なことだと思います。

皆さん、隙はありませんか?

参考文献

『戦争史研究国際フォーラム報告書　防衛研究所の紹介』

高坂正堯『高坂正堯著作集〈第三巻〉日本存亡のとき』都市出版、一九九九

篠田謙一『人類の起源』中央公論新社、二〇二二

小林達雄『縄文の思考』筑摩書房、二〇〇八

斎藤成也編『日本人の誕生』秀和システム、二〇二〇

渡辺京二『逝きし世の面影』平凡社、二〇〇五

関裕二『古代史の正体』新潮社、二〇二一

荒木博之『日本人の行動様式』講談社、一九七三

網野善彦『日本論の視座』小学館、一九九三

藤尾慎一郎編『再考！　縄文と弥生』吉川弘文館、二〇一九

藤尾慎一郎・松本武彦編『ここが変わる！　日本の考古学』吉川弘文館、二〇一九

デュラン・れい子『意外に日本人だけが知らない日本史』講談社、二〇〇九

水島義治『校注　万葉集　東歌・防人歌』笠間書院、一九七六

加地伸行『令和の「論語と算盤」』産経新聞出版、二〇二〇

折木良一『経営学では学べない戦略の本質』KADOKAWA、二〇一七

青柳武彦『日本人を精神的武装解除するためにアメリカがねじ曲げた日本の歴史』ハート出版、二〇一七

五百旗頭真編『日米関係史』有斐閣、二〇〇八

五百旗頭真『歴史としての現代日本』千倉書房、二〇〇八

西修『証言でつづる　日本国憲法の成立経緯』海竜社、二〇一九

西修『図説　日本国憲法の誕生』河出書房新社、二〇一二

西修『憲法改正の論点』文藝春秋、二〇一三
西修『一番よくわかる！　憲法第九条』海竜社、二〇一五
国立国会図書館ウェブサイト「日本国憲法の誕生」http://www.ndl.go.jp/constitutio/
衆議院憲法審査会事務局『平成二十八年版　衆議院憲法審査会関係資料集』
政策研究大学院大学データベース「世界と日本」
葛原和三「朝鮮戦争と警察予備隊」『防衛研究所紀要第八巻第三号』、二〇〇六
小出輝章「警察予備隊の発足」『同志社法学五十五巻二号』、二〇〇三
高橋史朗『日本が二度と立ち上がれないようにアメリカが占領期に行ったこと』致知出版社、二〇一四
読売新聞政治部『基礎からわかる憲法改正論争』中央公論新社、二〇一三
百地章『憲法の常識　常識の憲法』文藝春秋、二〇〇五
自由民主党『日本国憲法改正草案Q＆A　増補版』、二〇一三
衆議院憲法調査会事務局『憲法第九条（戦争放棄・戦力不保持・交戦権否認）について
～自衛隊の海外派遣をめぐる憲法的諸問題に関する基礎的資料』衆憲資第三十三号、二〇〇三
『日本国憲法100の論点』日本工業新聞社、二〇一六
田村重信『日本の防衛法制（第二版）』内外出版、二〇一二
『政治・経済資料』東京法令出版、二〇一六
『あたらしい憲法のはなし』童話屋、二〇〇一
福永文夫『日本占領史　1945-1952』中央公論新社、二〇一四
国士舘大学極東国際軍事裁判研究プロジェクト『新・東京裁判論』産経新聞出版、二〇一八
細谷雄一『戦後史の解放Ⅱ　自主独立とは何か』新潮社、二〇一八
『日本戦後史』三栄書房、二〇一四
『太平洋戦争⑩　占領・冷戦・再軍備』学研プラス、二〇一一